人性与行为

社会心理学导论

〔美〕约翰·杜威 著
罗跃军 译

杜威著作精选
刘放桐 陈亚军 主编

华东师范大学出版社

Schools of To-Morrow
School and Society
Human Nature and Conduct
Democracy and Education
Reconstruction in Philosophy
Psychology
The Quest for Certainty
The Public and its Problems
Art as Experience
Ethics
How We Think
Experience and Nature

目 录

主编序 / 6

前言 / 10

导论 / 1

第一部分　习惯在行为中的地位

第一章　作为社会功能的习惯 / 14

第二章　习惯与意志 / 22

第三章　性格与行为 / 38

第四章　风俗与习惯 / 50

第五章　风俗与道德 / 64

第六章　习惯与社会心理学 / 72

第二部分　冲动在行为中的地位

第七章　冲动与习惯的改变 / 78

第八章　冲动的可塑性 / 84

第九章　改变人性 / 93

第十章　冲动以及各种习惯之间的冲突 / 109

第十一章　本能的分类 / 115

第十二章　没有单独的本能 / 130

第十三章　冲动与思想 / 146

第三部分　理智在行为中的地位

第十四章　习惯与理智 / 150

第十五章　思维心理学 / 158

第十六章　思虑的本性 / 165

第十七章　思虑与计算 / 174

第十八章　善的独特性 / 183

第十九章　目标的本性 / 194

第二十章　原则的本性 / 207

第二十一章　欲望与理智 / 216

第二十二章　现在与未来 / 230

第四部分　结论

第二十三章　活动之善 / 242

第二十四章　道德是人的道德 / 256

第二十五章　自由是什么 / 263

第二十六章　道德是社会的道德 / 272

1930年现代图书馆版前言 / 287

修订版译后记 / 291

主编序

在杜威诞辰160周年暨杜威访华100周年之际,华东师范大学出版社推出《杜威著作精选》,具有十分重要的纪念意义。

一百年来,纵观西方思想学术发展史,杜威的影响不仅没有成为过去,相反,随着20世纪后半叶的实用主义复兴,正越来越受到人们的瞩目。诚如胡适先生所言:"杜威先生虽去,他的影响永远存在,将来还要开更灿烂的花,结更丰盛的果。"

在中国,杜威的命运可谓一波三折。只是在不远的过去,国人才终于摆脱了非学术的干扰,抱持认真严肃的态度,正视杜威的学术价值。于是,才有了对于杜威著作的深入研究和全面翻译。

华东师范大学出版社历来重视对于杜威著作的翻译出版,此前已推出了《杜威全集》(39卷)、《杜威选集》(6卷)的中文版,这次又在原先出版的《全集》的基础上,推出《杜威著作精选》(12种)。如此重视,如此专注,在国内外出版界都是罕见的,也是令人赞佩的。

或许读者会问,既有《全集》、《选集》的问世,为何还要推出《精选》? 我们的考虑是:《全集》体量过大,对于普通读者来说,不论是购买的费用还是空间的占用,均难以承受。而《选集》由于篇幅所限,又无法将一些重要的著作全本收入。《精选》的出版,正可以弥补《全集》和《选集》的这些缺憾。

翻译是一种无止境的不断完善的过程,借这次《精选》出版的机会,我们对原先的译本做了新的校读、修正,力图使其更加可靠。但我们知道,尽管做了最大努力,由于种种原因,一定还会出现这样那样的问题。我们恳切地希望各位方家不吝赐教,以使杜威著作的翻译臻于完美。

最后,我们要特别感谢华东师范大学出版社王焰社长,感谢朱华华编辑。杜威著作的中文翻译出版,得到了华东师范大学出版社一如既往的大力支持,朱华华编辑为此付出了很多的心血。没有这种支持和付出,就没有摆在读者面前的这套《杜威著作精选》。

刘放桐　陈亚军

2019 年 1 月 28 日于复旦大学

Schools of To-Morrow
School and Society
Human Nature and Conduct
Democracy and Education
Reconstruction in Philosophy
Psychology
The Quest for Certainty
The Public and its Problems
Art as Experience
Ethics
How We Think
Experience and Nature

PREFACE

前言

1918年春,我应小利兰·斯坦福大学邀请,在韦斯特纪念基金会做了三次讲座。基金会要求范围内所包括的主题之一,就是人的行为与命运。根据基金会的要求,这些讲稿将被出版,因而本书就是最后的成果。但是,该讲座的这些讲稿后来被重新修改,并增加了大量的内容。导论和结论被加入到这本书中。这些讲稿本应在两年之内被送去出版。然而,由于外出访问,我很难严格遵守规定的出版时间;我十分感谢大学的领导们,因为他们不但宽容地允许我延长时间,而且在我作讲座时礼遇有加。

或许需要对本书的副标题作一点解释。本书无意于探讨社会心理学。但是,它提出了一个严肃的信念,即尽管冲动(impulse)与理智(intelligence)的作用是理解个体性心理活动的关键,但对习惯以及不同类型习惯的理解仍然是理解社会心理学的关键之所在。冲动与理智是从属于习惯的,因为心灵只能被具体地理解为一套包含有信念、欲望和目的的体系,而这一体系又是在生理天赋与社会环境相互作用下所形成的。

约翰·杜威
1921年2月

Schools of To-Morrow
School and Society
Human Nature and Conduct
Democracy and Education
Reconstruction in Philosophy
Psychology
The Quest for Certainty
The Public and its Problems
Art as Experience
Ethics
How We Think
Experience and Nature

导 论

"一旦给人加一个坏名声,他就永远洗涮不掉。"[1]人性已经成为职业道德学家们施加坏名声的对象,因而,其结果自然与这个谚语相一致。人的本性一直被以怀疑、恐惧、尖刻的方式来看待,有时也被对它的各种可能性的热情来看待,但只有当把这些与它的现实性相比照时,它才是如此状况。它似乎一直被如此错误地对待,以至于道德的要务就是修剪和抑制人性;如果它能被其他事物取代,那它就被认为是好的。我们一直假定,如果不是因为人的内在弱点会滑向堕落,道德就是完全不必要的。一些具有更多友善思想的作家们曾经把当前的诋毁归因于神学家们,因为他们主张通过贬低人来赞颂神。毫无疑问,神学家们对人采取了比异教徒和世俗主义更为悲观的观点。但是,这种解释并没有支撑多久。因为这些神学家们自己毕竟也是人,如果人类听众没有莫名其妙地对他们作出回应,那么他们就可能不会有任何影响。

道德在很大程度上关注的是对人性的控制。当我们正在试图控制任何东西时,就敏锐地意识到什么在反抗我们。因此,道德学家们也许被诱导把人性看作是邪恶的,因为它不愿意屈服于控制,也因为它对枷锁的反抗。但这种解释只是提出了另外一个问题:道德为什么确立如此异于人性的规则呢?它所坚决要求的目的,它所强加的规定,毕竟都是人性的自然产物。那为什么人性如此地厌恶它们呢?而且,仅当各种规则求助于人性中的某

---

[1] 原文为:"Give a dog a bad name and hang him."也可以译为"人言可畏"或者"欲加之罪,何患无辞"。由姜文彬先生所译《人性与行为》一书的中文节译本就采取了后一种译法,参见《哲学研究》编辑部编:《资产阶级哲学资料选辑》(第八辑),上海人民出版社,1966年,第1页;另外,本书在翻译过程中参照了姜文彬先生中文节译本的译法。——译者

物,并在人性中唤起一种积极反应时,这些规则才能被遵守,理想才能被实现。通过贬低人性来高扬它们的各种道德准则,无疑是在自杀。否则,它们就使人性卷入无休止的内战之中,并把人性看作是一团乱糟糟的、毫无希望的相互冲突之力量。

因此,我们不得不思考的就是那种对道德一直关注的人性进行控制的本性和起源。而且,当我们提出这一问题时,被强加给我们的事实就是阶级的存在。控制已经被归于寡头政治。对规定(regulation)的漠不关心,在被统治者与统治者的分裂中已经滋生出来。父母们、神父们、首领们和社会审查官们已经提供了目标,而这些目标对那些被强加目标的人来说是陌生的,即对青年人、俗人和普通民众来说是异己的;少数人制定和管理规则,大众则以一种过得去的方式不太情愿地遵守规则。每个人都知道,好孩子是那些对他们的长辈尽可能少制造麻烦的孩子;而由于他们中的大多数引起了许多麻烦,所以其本性必定是顽皮的。一般来说,好人一直是那些做他们被告知要去做之事的人,而不渴望顺从则是他们本性中发生错误的标记。

但是,不管拥有权威的人们在多大程度上已经把道德规则转变为阶级至上的手段,任何把规则的起源归因于有意设计的理论都是错误的。在条件已经存在后利用条件,是一回事;为了增加益处去创造条件,则完全是另一回事。我们必须对优劣之间的社会区分的纯粹事实进行探究。说社会条件是偶然产生的,即看到它不是由理智所产生出来的。对人性缺乏理解,是漠视这一点的首要原因。洞察力的缺乏,总是以鄙视或非理性的崇拜为终点。当人们没有关于自然本性的科学知识时,他们要么被动地屈服于它,要么寻求以巫术的方式去控制它。不能被理解之物就不能被明智地管理，那就不得不从外部强迫它服从。对理性来说，人性的不透明性就等于相信它的内在不规则性。因此，社会寡头政治权威的衰落是与对人性科学兴趣的兴起相伴而来的，这就意味着，人的各种力量的构成与作用给道德观念与理想提供了一个基础。与自然科学相比较，我们关于人性的科学尚未完全发展起来，相应地，关注人性发展的健康、效用与幸福的道德也是初步的。当人性与科学知识相关联时，本书讨论的就是与人性的实证方面相关的伦理变化的一些阶段。我们也许期望通过考察道德与人的生理学和心理学在现实中相分裂所导致的各种恶来预见这种变化的一般性本性。不但有关于恶的病理学，而且有关于善的病理学，即那种由这种分裂所孕育的善的病理学。大多只记录在小说中的好人的坏，是人性对借道德之名施于其上的侮辱所作的报复。首先，与人的本性中的实证根源相隔开的道德，必定主要是否定性的。实际上强调的是避免恶和逃离恶，强调不做事情，服从禁忌。否定性道德采取了许多形式，就像有许多屈服于它的不同气质类型一样。它最通常的形式就是采取一种具有保护性色彩的中立品格，即采取一种恬淡（insipidity）的性格。因为如果一个人不像其他人一样感谢上帝，却有一千个人像其他人一样感谢上帝，那么这个人就不会像其他人那样不引起注意。不受到社会责备就是善的通常标志，因为它表明恶已经被避免。一个人通过像其他人一样以不引起注意，那责备最容易免除。传统道德是一种单调的道德，在这种道德中唯一致命之物就是引人注意。如果它尚有任何有趣的特点被保留，那是因为其某些自然特性在某种程度上尚未被削弱。把自己弄得那么招人喜爱就是一种自以为是，人们对这一套并不买账。给罪犯烙上永远被社会遗弃的印记这种同样的心理学,使不要公然强迫其他人去接受美德成为绅士的组成部分。

清教徒决不会受到爱戴,即使在一个清教徒的社会中也是如此。如果有痛苦,那么大众宁愿成为好的伙伴,而不愿成为好人。礼貌的恶比古怪的癖性更受偏爱,它也就不再是恶了。公然忽视人性的道德,以强调人性中那些最普通平常的性质而结束,它夸大了所遵从的群体本能(the herd instinct)。道德的职业捍卫者们一直对他们自己十分苛刻,但认为对大众来说避免引人注目的恶就已经足够。在全部人类历史中,最具启发性的事情之一就是认错、宽容、减轻刑罚、暂缓处决这种体系,这是具有权威性超自然道德的天主教会为群众所发明的。对精神优于一切自然物的高扬,被有组织地宽容肉身的各种缺点所冲淡。赞同有一个完全理想化实在的遥远国度,就是承认它只对少数人来说是可能的。新教,除了其最热情的形式之外,已经通过把宗教与道德严格分离开来而达到了同样结果;但在这种分离中,比较高级的因信称义一举清除了平常的过失,把它们变成了关于日常行为的群居性道德。

总是有各种比较粗鲁的、有力量的本性,它们不能驯服自己而达到所要求的、平淡无奇的遵从程度。对于它们而言,传统道德似乎是一种安排有序的无用,尽管它们由于热烈地赞同大众道德以使其更容易管理大众,但通常没有意识到自己的态度。它们唯一的标准就是成功,就是解释和完成各种事情。成为好的,对它们而言,实际上就是没有效果的同义词;完成与成就是它自己的合理性证明。它们通过经验知道那些成功人士得到了许多宽恕,而这些成功人士则把善性留给了愚蠢的人,留给了他们认为是傻瓜的那些人。它们的群居本性,通过对所有已经确立起来的、作为理想的兴趣之捍卫者的制度表示公然赞美而找到充分发泄的途径;而且,在它们对所有那些公开否定传统理想的拒斥中,找到了充分发泄的途径。或者,它们发现,它们是被选定的屈从于特殊法定规律的、比较高级的道德与行为(morality and walk)之载体。通过大声宣布反对美德而有意掩盖邪恶意志,这种意义上的虚伪是最不可能发生的事情之一。但是,一种强烈执行的本性与对大众赞同的喜爱在同一个人身上的结合,当面对传统道德时,必定会产生出批评者们所说的虚伪。

对道德与人性相分离的另一种反应,就是浪漫地赞美自然冲动,并把它当作某种优于所有道德要求之物。有这样一些人,他们没有执行意志所具有的持久力量以打破传统,并运用它来服务于自己的目的,但是他们把敏感性与强烈的欲望结合起来。他们聚焦于道德中的传统因素,认为所有道德都是阻碍个体发展的社会习俗(conventionality)。尽管意欲(appetites)在人性中是最平常的东西,一点也不特别,或者一点也不具有个性,但是他们把意欲不受限制的满足等同于个体的自由实现。就激情(passion)使中产阶级感到震惊而言,他们把屈服于激情看作是自由的宣言。重新评价道德的紧迫需要受到如下这种观念的嘲讽,即,避免废除传统道德成为积极的成果。尽管执行类型的人为了管理支配现实条件而聚焦于这些条件,但这一派别仍然为了情操(sentiment)而抛弃了客观理智,并退回到由被解放的灵魂所组成的小圈子之中。

还有其他一些人,他们认真地看待道德与日常现实的人性相分离这一观念,并尽力遵守这一观念。这些人专注于精神上的自我中心主义。他们一心一意地沉浸在他们的性格状态之中,并关注他们动机的纯洁与灵魂的善。对有时与这种专心致志相伴随而来的自负的高扬,能够产生出一种有害的残忍,这种残忍超过了其他所有可能已知的自私自利形式。在其他情况下,一心一意持久地想着理想王国,会养成人们对周围环境病态的不满,或者会促使人们徒劳地退回到内在世界之中,而在这一世界里所有事实都是清楚明白的。现实条件的各种需要因而受到忽视,或者是以一种三心二意的方式被对待,因为根据理想来看,它们是如此的卑贱与卑劣。谈论恶,并认真地努力去改变恶,这就表明了一种低劣的心理。或者,理想成为庇护所、避难所和逃离令人厌烦的责任的方式。人们以各种不同的方式逐渐生活在两个世界之中:一个是现实世界,另一个是理想世界。一些人被这种矛盾性的感觉所折磨。其他人则在这两者之间不断地变换着,通过愉快地涉猎于现实的快乐之中来补偿理想王国的成员所必需的禁欲之重负。

如果我们从对性格的具体影响转入到理论问题中来,那么,我们就会挑选关于自由意志的讨论,作为道德与人性相分离所导致的典型后果。人们厌倦了无用的讨论,并渴望把它作为一种精巧的形而上学而摒弃。然而,虽然如此,但它在其本身之中包含了所有道德问题中最实际的道德问题,即自由的本性与实现自由的手段。道德与人性的分离,导致了人性在道德方面与其他本性的分离,导致了与在事务、市民生活、友谊和休闲娱乐的趋向中所发现的日常社会习惯和努力的分离。这些事情顶多被认为是需要运用道德观念的地方,而不是道德观念将被研究以及道德能量将被产生出来的地方。简言之,道德与人性的断裂以把内心的道德从公共敞开的户外与阳光之下驱赶入晦暗而隐秘的内在生命之中为终点。传统上对自由意志讨论的意义,就是它确切地反映了道德活动与人的本性和公共生活之间的分离。

人们不得不从道德理论转入为政治自由、经济自由、宗教自由以及思想自由、言论自由、集会与信仰自由而进行的人类普遍性奋斗之中,从而在自由意志的观念中找到有意义的实在。于是,人们就会发现自己走出了令人窒息的、封闭的内在意识氛围,而进入户外的世界之中。把道德自由限定在一种内在领域之中所付出的代价,几乎割断了伦理学与政治学和经济学之间的联系。前者被认为是各种陶冶人性的规劝之汇聚,而后者则被看作是与权宜之计相关的东西,但这种权宜之计与更大的善的问题相分裂。

简言之,存在着两种社会改革学派。一派以一种道德观念为基础,而这种道德观念起源于一种内在的自由,某种神秘地囿于人格之中的东西。它宣称,对于人们来说,改变制度的唯一方式就是净化他们自己的心灵;并宣称,这种心灵的改变完成之时,制度的改变自然就会随之而来。另一派则否认有这种内在力量的存在,并且认为,如果我们承认有这种力量存在,那么就已经否定了所有的道德自由。它认为,人们通过各种环境的力量而成为他们所是的样子,认为人性是完全可塑的,并认为在制度改变以前,人们什么也不能做。显然,这就如同求助于内在的正直与仁慈一样,也使这种后果毫无被达到的希望。因为它没有提供改变环境的方法。它使我们重新依靠通常伪装成历史或进化的必然规律的偶然,并且它相信由内战所象征着的某种暴力改变会引致一种突然性的太平盛世出现。我们可以在这两种理论之间草拟出另外一种可供选择的办法。我们能够认识到,所有行为都是人性中的要素与自然的和社会的环境之间的相互①作用。于是,我们将看到进步以两种方式前进,将看到自由在那种相互作用中被发现,而这种相互作用维持着一种人的欲望与选择被认为是有价值的环境。实际上,不仅在个人之中而且在个人之外都存在着诸种力量。尽管它们与外在的力量相比是非常脆弱的,但它们也许被一种具有预见性和计划性的理智所支撑。当我们把这个难题看作是明智地去调整的难题时,该问题就会从人格之中转变为一种工程问题,即教育艺术与社会指导艺术的确立工程。

　　自然科学中有唯物主义的(materialistic)东西,道德则由于与物质(material)事物密切相关而受到贬低,这种观念现在仍然存在着。如果有一派起来宣称,人们在吸一口气之前就应当完全净化他们的肺,那它就会在职业道德学家那里赢得许多支持者。因为忽视具体处理自然环境与社会环境事实的科学,会导致把道德力量转向一种非真实自我之中的非真实静居(unreal privacy)。我们不可能说清楚,世界上有多少可以消除的苦难是由于自然科学仅仅被看作是自然的这一事实所导致的。我们也不可能说明白,世界上有多少不必要的奴役状态是由于如下这种观念所导致的,即道德问题能够在良心或人的情操中得到解决,而这排除了对事实的研究,以及专业知识在工业、法律与政治学中的运用。科学不是在制造与运输中,而是在战争中找到了运用的机会。这些事实使战争与近代工业中最痛苦和最残忍的方面无限期地延续下去。忽视自然科学的道德潜能的每一标记都在对人与自然

---

① 英文原书中用斜体表示强调,本书中处理为楷体。——译者

相互作用的关注之外绘制出人类的良心,而如果要实现自由,那么就必须掌握这些相互作用。它把理智引向热切地专注于非现实的、纯粹内在的生活之中,或者强化了对突然爆发的感伤性情感(sentimental affection)的依赖。大众聚集于秘术的周围以求得帮助。有教养的人,对此表示出轻蔑的冷笑。如果他们认识到求助于秘术是怎样展现了他们自己信仰的实践逻辑,那正如谚语所云,他们也许会转喜为忧。因为这两者都建基于道德观念和情感同在生活、人和世界中可被认知的事实之间的分裂。

我们没有伪称,一种基于人性的各种现实以及对这些现实与自然科学之间具体关联进行研究的道德理论会消除道德努力与失败。它不会使道德生活成为像沿着光线很好的林荫大道前行那样简单的一个问题。所有的行动都是对未来以及未知领域的一种侵犯。冲突与不确定性是终极的特征。但是,以关注事实为基础的,并从关于这些事实的知识中获得指导的道德,至少会确定有效努力之点,而且把可以利用的资源集中于这些努力之点上。它会结束生活在两个毫无关联的世界之中不可能的尝试。它不但会消除道德与政治和工业的固定区别,而且会消灭人与自然的固定区别。一种以研究人性而非忽视人性为基础的道德会发现,关于人的事实与自然界中其余事实是相连续的,因此它会把伦理学与物理学和生物学统一起来。它会发现,个人的本性与活动和其他人的本性与活动是紧密相关的,因此把伦理学与对历史、社会学、法律和经济学的研究联系起来。

这样一种道德不会自动地去解决道德难题,也不会自动地去消除困惑。但是,它会使我们以这样的形式去陈述难题,以至于行动能够被大胆而明智地引向解决难题的办法。它不会确保我们不失败,但它会使失败成为一种启发性的源泉。它不会向我们保证未来不会出现同样严重的道德困境,但它会使我们在接近总是反复出现的麻烦时伴随着大量正在增加的知识,而这些知识会增加我们行为的重大价值,即使当我们公然遭受失败之时——因为我们将继续去行动。在道德与人性,以及这两者与环境的统一被认识到之前,我们不再求助于过去的经验来解决生活中最紧迫与最艰深的难题。准确而广泛的知识只在处理纯粹技术性难题时才会继续起作用。只有明智地承认自然、人与社会的连续性,才会保证如下道德的发展,即这种道德将是严肃的而不是狂热的,是有抱负的而不是多愁善感的,是与现实相适应的而不是守旧的,是合理的而不是功利的,是理想主义的而不是浪漫主义的。

Schools of To-Morrow
School and Society
Human Nature and Conduct
Democracy and Education
Reconstruction in Philosophy
Psychology
The Quest for Certainty
The Public and its Problems
Art as Experience
Ethics
How We Think
Experience and Nature

THE PLACE OF HABIT IN CONDUCT

第一部分　**习惯在行为中的地位**

第一章 作为社会功能的习惯

HABITS AS SOCIAL FUNCTIONS

把习惯比作诸如呼吸和消化这样的生理功能是有益的。诚然,诸如呼吸和消化之类的生理功能是自然而然的,而习惯却是后天获得的。然而,尽管这种差异在许多情势下是十分重要的,但它不能掩盖如下这一事实,即习惯在许多方面,尤其在要求有机体与环境相协调方面,如同生理功能一样。呼吸确实是与空气相关的事情,同样也是与肺相关的事情;消化确实是与食物相关的事情,同样也是与胃组织相关的事情。看当然包括光的作用,同样也当然包括眼睛和视觉神经的作用。行走不仅暗示着腿在起作用,而且也暗示着地面的作用;演讲需要的不仅是发声器官,而且需要自然空气(physical air)、人类团体(human companionship)和听众。我们可以把"功能"一词的生物学意义上的用法转变为数学意义上的用法,然后说像呼吸和消化这样的自然活动,以及如同演讲和诚实之类的后天获得的活动,都不仅是环境作用的结果,而且确实是个人作用的结果。它们都是有机体的结构或后天养成的倾向与环境相互作用的产物。同样的空气,在一定条件下会在水面上吹起波涛或摧毁建筑物,而在另外的条件下则会净化血液和传播思想。其结果取决于空气对什么事物起作用。社会环境通过与生俱来的冲动而起作用,于是就出现了言语和道德习俗。一般来说,把行为归因于直接发出行为的那个人是有具体而充分的理由的。但如若把这种特定的关系转变成一种为其所独有的信念,那么就会产生误解,如同认为呼吸和消化完全是人体内部的事这一观点会产生误解一样。为了给道德讨论找到一个理性的基础,我们必须从一开始就意识到功能与习惯是运用与综合环境的方式,后者确实像前者一样有同样的发言权。

我们可以借用不像生物学语境中那样十分专业的词汇,用习惯就是技艺(arts)这种说法来表达同样的思想。这些习惯包含着感官与运动神经器官的能力、心计或技巧(cunning or craft)以及客观材料。它们吸收了客观能量，并且最终控制了环境。它们所要求的是秩序、纪律和表现的技术。它们有开始、发展和结束。每一个阶段都标志着在利用材料与工具上的进步，并且都标志着在把材料投入积极运用方面上的进展。如果任何一个人说他自己是石雕大师，但又认为这种技艺只为他自己所独有，而决不依赖于客体的支持和工具的协助，那我们就会嘲笑他。

然而，我们在道德上却十分习惯于这种愚蠢的看法。道德倾向被看作是只属于自我的东西，因此，自我与自然环境和社会环境相脱离。把道德限制在性格之中，然后把性格与行为分离开来，把动机与实际的行为分离开来，所有的道德都是以此为核心来发展的。意识到道德行动同功能和技艺的相似性，就会消除使道德成为主观的和"个人主义的"原因，这样就会使道德回到现实中来。如果道德仍然向往天堂，那么，它也将向往现实中的天堂，而不是向往另外一个世界。诚实、纯洁、恶意、易怒、勇敢、轻浮、勤奋和不负责任都不是一个人的私有物，它们是个人能力与周遭各种力量的有效适应。所有的美德和邪恶都是综合了各种客观力量的习惯，它们是个体性格中的组成要素与外部世界所提供的要素之间相互作用的产物。它们像生理功能一样能够被客观地研究，而且它们随着个人要素或社会要素的变化而改变。

如果一个个体在世界上孤零零地存在，那么，他将在道德真空状态下形成他的习惯（即认为他不可能形成诸种习惯）。习惯将只属于他，或者就各种自然力量而言，习惯只属于他。责任和美德都将为他所独有。但是，由于习惯包含着周遭各种条件的支持,所以,由同类人所组成的社团或某一特殊团体,就总是这一事实之前和之后的同谋者。一个人做出了某一活动,然后这一活动在周遭引起了不同反应,有的赞同,有的反对,有的抗议,有的鼓励,有的参与,也有人加以阻止。即使任由一个人去做的这种立场,也是一种明确的反应。嫉妒、羡慕和模仿都是同谋者,中立的情况是不存在的。行为总是人们共同参与的,这就是它与生理过程的区别。行为应该(should)是社会的行为,但这不是伦理意义上的"应当"(ought)。无论是善的行为,还是恶的行为,都是社会性的。

就与其他人所犯的罪脱离关系这一做法鼓励了其他人以邪恶的方式去行动而言,这也是一种参与犯罪的方式。采取不关注恶的方式而对恶不加以阻止,本身就是一种助恶的方式。个体渴望通过远离道德败坏而使其良心不受污染,这也许确实是导致恶并使个人对其负责任的一种手段。然而,在一些情况之下,消极的抵制也许是阻止错误行动的最有效形式,或者以德报怨从而使作恶者深感惭愧也许是改变其行为的最有效方式。为罪犯而伤感——由于情感的炽热而"宽恕"罪犯——对罪犯的产生也负有责任。但是,假定遭受惩罚的痛苦已经足够而与具体的后果无关,这种看法不但没有触及犯罪的本来原因,而且又成为报复和残暴产生的新的原因。如果关于正义的抽象理论需要法律来"证实",而这一法律又不考虑教导和改变作恶者,那么,这一理论就是拒绝承认责任,差不多就像把罪犯理解为遭受痛苦的受害者这种情感迸发所导致的结果一样。

单单责备一个人仿佛他的邪恶意志是其作恶的唯一原因的行动方针,以及那些因参与了造成不良倾向的社会条件而宽恕犯罪的行动方针,都同样是把人与其所处的环境、把心灵与世界虚幻地分离开来的方式。一种行为总是有各种各样的原因,但这些原因并不是借口。因果关系问题是自然问题而不是道德问题,除非当它关注于未来的后果时。借口与谴责正是作为未来行动的原因,才必然都被考虑。目前,让我们先臣服于充满怨恨的情感,然后通过把它看作是对正义的证实来对其做出"合理化的解释"。我们关于惩罚性正义的全部传统,通常意识不到社会在导致犯罪方面的作用;而只是赞同形而上的自由意志在起作用这一信念。通过杀死作恶者或把他关进石头房子,我们使自己能够忘记他的产生是由我们和他共同作用所致。社会通过谴责罪犯而为自身开脱责任,而罪犯则反过来归咎于先前不良的环境、其他人的引诱、机会的缺乏,以及法律公务员们的迫害。除了双方互相指责这一总体特征外,这两者都是正确的。但是,对这两者所产生的效果却是要使整个问题回到先前的因果作用,即一种拒绝把问题引入真正的道德判断中去的方法。因为道德不得不处理仍然处在我们控制中的、仍然要被实施的行为。许多罪都是由作恶者所犯的,但这不能免除我们对他的影响以及对待他的方式所产生的其他影响而负有的责任,也不能免除我们对人们养成故意作恶习惯的条件而负有的连带责任。

  我们需要区分自然问题与道德问题。前者关心的是已经发生的事情,以及它是如何发生的。考虑这个问题是道德不可或缺的部分。如果不能回答它,那我们就无法说明是何种力量在起作用,也不能说清楚如何指引我们的行动去改善环境条件。在知道帮助我们形成所赞同和反对的性格的环境条件之前,我们创造一种环境条件而废除另一种环境条件的努力将是盲目和时断时续的。然而,道德问题关注的是未来,它是处于盼望之中的。使我们自己满足于宣布优点与缺点的判断而不参照如下这一事实,即我们的判断就是产生出各种后果的事实本身,而且它们的价值依赖于它们的后果,这种做法就是自大地逃避道德问题,也许甚至会使我们自身沉溺于愉快的激情之中,就像我们谴责过的人曾使自己沉溺于这种情感之中一样。道德难题就是改变那些现在正在影响未来结果的各种因素。为了改变另一个人的实际性格或意志,我们必须改变融入他的习惯之中的客观环境条件。我们自己的判断体系,自己确定的赞扬与责备以及奖善惩恶的体系,这些都是环境条件的组成部分。

在实际生活中,社会因素在人格特征的形成中所起的作用获得许多认可。这些认可之一,就是我们对社会进行分类的习惯。我们赋予穷人与富人、贫民区居民与工业领导者、乡村居民与郊区居民、官员、政治家、教授以及种族、团体和党派的成员以不同的特征。这些判断通常都由于过于粗略而没有多大的用处。但是,它们表明,我们实际上意识到人格特征是社会处境作用的结果。当我们概括这一领悟且明智地根据它来行动时,就会保证据此意识到唯有通过改变环境条件——这些环境条件再一次成为我们自己处理所判断之物的方式——来使性格由坏变好。我们不能直接地改变习惯,直接改变习惯这种观念是非常不可思议的。但是,我们可以通过改变环境条件,通过明智地选择与权衡我们所关注的事物以及影响欲望满足的事物而间接地改变习惯。

一个野人能够勉强在丛林中穿行。然而,文明地行走是如此复杂,以至于没有平坦的道路根本不可能行走。它需要有信号灯、枢纽站、交通管理机构和迅捷快速的交通运输手段,需要有预先准备好的、适宜的环境。没有这种环境,即便有最好的主观意向和善良的内在倾向,文明也会再度堕落为野蛮。劳动和技艺的永恒高贵性,就在于它们对重新塑造作为未来安全与进步重要基础的环境所产生的长期影响。个体就像地上的野草一样,有茂盛之时,也有枯萎之时。但是,他们的工作所产生的成果是持久的,并使更有意义的活动进一步发展得以可能。正是靠着恩典而不是靠我们自身,我们才过着文明的生活。感恩是所有美德的基础,这一古老的观念是有其合理意义的。忠于任何在确定的环境之下使美德生活得以可能之物,是所有进步的开始。我们能够为后代做的最好事情就是传递未被毁坏且增加了一些新意义的环境,它使保持体面而优雅的生活习惯得以可能。我们个体的习惯成为无尽的人类链条中的链环。它们的意义取决于我们从先辈那里继承而来的环境。当我们预料到我们的劳动成果在后继者所生活的世界里起作用时,它们的意义就会增强。

不管已做之事何其多,总有更多的事要去做。我们只能通过不断重新改变环境来保持和传承我们自己的遗产。虔诚地对待过去,不是为了我们自己之故,也不是为了过去之故,而是为了现在之故;只有现在是安稳的和富裕的,我们才会创造一个更美好的未来。虽然个体的劝诫、布道、斥责以及内在的渴望与情操已经消失,但他们的习惯长期存在,因为这些习惯在自身中综合了客观的环境条件。因此,它将与我们的活动相伴随。我们也许渴望消灭战争,渴望产业公平,以及所有人都能得到更大的平等机会;但是,再怎样宣讲善良意志或金科玉律(the golden rule)或培养爱好和平等情操,都将不会获得这些结果。我们必须改变客观的安排和制度。我们不仅必须改变人的心灵,而且要改变环境。

如果从其他方面来思考，那就是假定我们能在沙漠中养花，或者能在丛林中驾驶摩托车。这两件事情都可能发生，并且不是奇迹；但是，我们首先必须改变丛林和沙漠。

然而，在习惯中，各种个人所特有的或主观的因素很重要。爱花也许是建造蓄水池和灌溉渠的第一步。欲望和努力的激励是改变环境的最初动因。尽管个人的劝诫、建议和指导与稳定地出自非人格的力量和非个人化的环境习俗之物相比较，是软弱无力的刺激物，但也许它们启动了后者的进行。趣味、欣赏和努力总是源自于某一现实的客观情形。它们以客观条件为支撑，代表了摆脱先前所完成的某物的束缚，以便其在进一步的活动中仍然是有用的。对花之美的真正欣赏不是从自我封闭的意识中产生的，它反映了一个世界，在其中，美丽的花已经成长起来，并被人所喜爱。趣味与欲望代表着先在的客观事实，而这一事实在保证永久性和持续性的行动中反复出现。对花的渴望，是在对花的实际喜爱之后才出现的；但它是在使沙漠中长出花这一工作之前出现的，是在培育花之前出现的。每一种理想都是后于现实的，但理想不仅仅是对现实的内在影像之模仿。它以更稳固、更普遍和更完整的形式树立某一善的形象，而这种善的形象先前是以不确定、偶然的和稍纵即逝的方式被体验到的。

第二章　习惯与意志

HABITS AND WILL

为了理解习惯在活动中的独特地位,我们不得不考虑各种坏习惯,如游手好闲、赌博、酗酒和吸毒,这是一个重要的事实。当想到上述这些习惯时,我们就被迫把习惯和欲望以及推动力结合起来。但当按照行走、弹奏乐器、打字的方式来思考习惯时,我们更多地是把习惯看作独立于我们的喜好而存在的专门能力,看作缺乏迫切冲动的专门能力。我们把这些习惯看作是等待着由外在力量使之起作用的被动工具。一种坏习惯暗示着一种天生的行动倾向,也暗示着一种对我们的支配和控制。它使我们做出自己感到羞耻的事,使我们做出我们告诫自己不要去做的事。它完全无视我们的决心和有意识的决定。当我们坦诚地对待自己时,就会承认习惯具有这种力量,因为它是我们自己身上非常密切的一部分。它对于我们有一种控制力,因为我们就是习惯。

我们的自爱(self-love)和拒绝面对事实,也许与一种虽未实现但可能是更好的自我的感觉相结合,从而引导我们把习惯从自己的思想中驱逐出去,并把它视为一种莫名其妙地征服我们的邪恶力量。我们通过回想起习惯并不是有意形成的来满足我们的自负(conceit);我们从未打算成为游手好闲者、赌徒或放荡之人。但是,如果没有确定的意图,那有什么偶然发展起来的东西能够深深地成为我们自己呢?一种坏习惯的特征,对所有习惯和我们自己来说,都恰好是最具有教益的东西。它们教导我们说,所有习惯都是情感,所有习惯都具有推动力,由许多特定行为所导致的倾向与模糊的、一般性的、有意识的选择相比,是我们自身中一个更为密切和根本的部分。所有的习惯都要求某种活动;它们构成了自我。就"意志"一词的任何可以理解的意义而言,习惯就是意志。它们形成了我们实际的欲望,并为我们提供了有效的能力。习惯统治着我们的思想,决定着哪种思想将出现和令人信服,并决定着哪种思想将从显到隐。

我们可以把习惯看作是诸如匣子中的工具一样的手段,并等待着有意识的决心去运用它。然而,它们不仅仅只是手段一样的事物。习惯是积极的手段,是表现自身的手段,是充满活力的、起支配作用的行动方式。我们需要区分材料、工具和真正的手段。严格来说,钉子和木板并不是制造匣子的手段。它们只不过是制造匣子的材料。即使锯和锤子,也只是当被用于某种实际的制造时,它们才算是手段;否则,它们就是工具,或者是潜在的手段。仅当它们在某一具体的操作中与眼睛、胳膊和手联结起来时,它们才成为现实的手段。相应地,眼睛、胳膊和手只有在积极的行动中才成为真正的手段。而且,无论它们何时出现在行动中,都是与外在的材料和能量共同起作用的。如果没有超出自身的外物所支持,那么,眼睛就只是在茫然地看着,手就只是在笨拙地挥舞着。只有当它们进入独立地获得确定结果的事物所构成的组织中时,它们才成为手段。这些组织就是习惯。

这一事实也可以一分为二。除非在一种偶然的并带有一个"如果"的意义上,否则,外部的材料和身体器官以及心理器官本身都不可能成为手段。它们必须被相互协调着结合起来运用,才成为实际的手段或习惯。这一陈述似乎像是运用专门语言,把一种老生常谈公式化。但是,对巫术的信仰在人类历史中曾经起了重要的作用,而所有巫术的本质就是假定无需借助于人类力量和自然条件彼此之间的共同作用就可以获得结果。对下雨的渴望,也许会诱使人们挥动柳枝和洒水,这种反应是自然而天真无害的。但是,人们接着相信,他们的行为无需各种中间的自然条件的共同作用，就具有直接导致下雨的力量。这就是巫术；尽管它可能是自然的或自发的，但却不是天真无害的。它阻碍了对起作用的条件的理智研究，并且白白地浪费了人类的欲望和努力。

尽管迷信的实践的各种粗俗形式都已经不复存在，但是对巫术的信仰却并没有停止。只要希望无需理智地控制手段而获得结果时，就会发现巫术的原则；当人们认为手段可能存在但仍是无活力和不起作用的时候，情形亦如此。在伦理学和政治学中，这种期望仍然十分盛行；而且，就是在人类行动的最重要方面，也仍然受着巫术的影响。我们认为，通过对某物具有足够强烈的情感，通过十分坚定的愿望，我们能够得到所欲求的结果，诸如有效地实施好的决定，或者国家之间的和平，或者工业中的善良意志。但是，我们忽视了各种客观条件共同起作用的必然性，而且忽视了这种共同作用只有在持久而精确的研究中才会被确证这一事实。或者，另一方面，我们想象，我们能够通过外部的机器，通过工具或潜在的手段，而无需人类的欲望和能力的相应作用，就可以得到这些结果。这两种虚假而自相矛盾的信念经常共存于同一个人身上。那种认为他的美德就是他自己个人所取得的成就的人，很可能也是这样一种人；他认为通过法律，他就能够把对上帝的恐惧置于其他人之中，并通过敕令和禁令而使他们成为善良之人。

近来，一位朋友告诉我，甚至在有教养的人中也流行着一种迷信观念。他们认为，如果人们被告知做什么，如果向他们表明正确的目的，那么在即将行动的人看来，为了做出正确的行为，所有被要求的东西就是意志或愿望。他运用身体的姿势这件事作为一个例证：假定一个人被告知要笔直地站立，那就他而言，所有接下来需要的就是愿望和努力,然后行为就完成了。他指出,这种信念就其忽视对达到目的所涉及的手段的关注而言,它与原始的巫术是同等的。他接着说,这种信念的流行是以对躯体控制的错误观念为开端,并延伸到对心灵和性格的控制,从而成为理智社会进步的最大障碍。它之所以阻碍了这条道路,是因为它使我们忽略了对发现将产生出所欲求的结果的手段进行理智的探究,使我们忽略了为获得手段而进行的理智发明。简言之,它忽视了在理智上被控制的习惯所具有的重要性。

我们可以引用他关于自然目的或命令的真正本性以及它的实现的例证来与当前的错误观念①相比较。一个具有不良习惯姿势的人告诉他自己,或被告知要笔直地站立。如果他作出回应,那他就会绷紧肌肉,经历某些运动,据说所欲求的结果就会真正地达到;而且,只要这个人记住这一理念或命令,这一姿势就会被保持着。考察在此所作的假定,这暗示着,实现一个目的所需的手段或有影响力的条件是不依赖已经形成的习惯而存在的;甚至暗示着,它们也许被置于与习惯相反的运动之中。人们可以认为手段就在那里,以至于没有笔直地站立完全是由于缺乏目的和欲望所致。

现在,事实上,一个能够正确地站立的人可以这样做,而且只有能够正确地站立的人才可以这样做。在前一种情形下,意志的命令是不必要的;而在后一种情形下,它是无用的。一个不能够正确站立的人养不成正确站立的习惯,即一种积极的、有力的习惯。说他的错误仅仅是负面的,他只不过是无法做正确的事,通

---

① 我指的是亚力山大所著的《人的高级遗传》(*Man's Supreme Inheritance*)。

过意志的命令就可以把失败转变为好的,这些通常的暗示是荒谬的。人们不妨认为,作为"威士忌酒奴"(a slave of whiskey drinking)的人,他只不过是无法喝水的人而已。一旦已经形成了产生坏结果的各种条件,而且只要那些条件存在,那么坏结果就将出现。它们不可能被意志的直接努力所否定,就像产生干旱的条件不可能被对风的空想所驱散一样。期望一堆火被命令停止燃烧时会熄灭,就如同假定一个人能够因思想和欲望的直接作用而站直是一样的道理。只有通过改变各种客观的环境条件,火才能被扑灭;矫正不良的姿势,同样需要如此。

当然,一个人根据其笔直站立的观念行动时,某一事情就会发生。他以不同的姿势站立一小会儿,只不过是以一种不同的不良姿势站立而已。于是,他对这种与通常不同的站立姿势感觉到不习惯,这就证明他正在站立的姿势是正确的。然而,有许多种不良的站立方式,他只是把通常的方式转变为某种完全相反的、补偿性的不良方式。当我们意识到这一事实时,很可能假定:它的存在是因为对躯体的控制是有形的,所以对躯体的控制是外在于心灵和意志的。把这一命令转移到性格与心灵之中,人们就会认为,关于目的的观念以及实现这一目的的欲望将会产生直接的效果。在我们认识到,在躯体行为的事例中,习惯必定介于愿望和执行之间以后,我们仍然幻想着习惯在心理行为和道德行为的事例中可能是无用的。因此,最终结果是使我们更清晰地区分了非道德活动与道德活动,并引导我们把后者严格地限制在秘密的、无形的王国之中。但实际上,思想观念的形成以及它们的执行都依赖于习惯。如果我们无需一种正确的习惯就能形成一个正确的思想观念,那我们很可能不考虑习惯来实施它。然而,一个愿望只有在与一个思想观念相关联的情况下才会得到确定的形式,而一个思想观念只有当一种习惯在其后支撑它时,它才会成形并保持连续性。只有当一个人已经完成笔直地站立行为时,他才能确切地知道一个正确的姿势是什么样子的;而且,只有在此基础上,他才能唤起为真正地执行它所需要的思想观念。这一行为必定出现在这一思想之前,一种习惯也必定出现在随意地引起这种思想的能力之前。通常的心理学却颠倒了这种实际的事态。

关于目的的思想和观念不是自发产生的。没有纯洁无瑕的意义或目的概念。不受先前习惯影响的纯粹理性是一种虚构,构造思想观念而不受习惯影响的纯粹感觉同样是虚构的。作为思想和目的之"材料"的感觉和思想观念,都同样由显现于引起感觉和意义的行为中的习惯所影响。人们通常承认,思想或在我们概念中更为理智性的因素依赖于先前的经验。但是,那些抨击不受经验影响的纯粹思想观念的人们,通常把经验与印在空白心灵中的感觉等同起来。因此,他们用关于纯粹未混合其他要素的感觉的理论取代关于未混合其他要素的思想的理论,并把这些纯粹的感觉作为所有概念、目的和信念的材料。但有区别的、独立的感官性质远远不是最初的要素,而是非常熟练地处理大量专门而科学的资源的分析之产物。能够在任何领域中区分出确定的感官要素是先前的高度训练,即合适的习惯的最好证明。对一个儿童的适量观察将足以揭示出,即使像黑、白、红、绿这种粗略的区分,也都是在确立习惯的过程中长期积极地处理事物所导致的结果。它不是一个具有明晰感觉这样简单的问题。具有明晰的感觉,不过是训练、技能和习惯的一种标记。

因此，承认比如说笔直地站立这一思想观念依赖于感官材料，就等于承认它依赖于支配具体感官材料的习惯性态度。作为中介的习惯，过滤了所有到达我们知觉和思想之中的材料。然而，这种过滤并不是化学上的提纯，而是一种增加新性质和重新安排所获得之物的试剂。我们的思想观念确实依赖于经验，我们的感觉也是如此，两者所依赖的这种经验就是习惯的活动——最初就是本能的活动。所以，我们关于行动(无论是自然的，还是道德的)的目的和命令都是通过作为媒介的躯体习惯和道德习惯的折射作用才传递给我们的。不能正确地思考，已经足以令人震惊地引起道德学家们的注意。但是，一种错误的心理学已经引导他们运用肉体和精神的必然冲突来解释它，而没有表明我们的思想观念至少可以依赖于我们的习惯，就像我们的行为依赖于我们有意识的思想和目的一样。

只有能够保持正确姿势的人，才具有形成笔直地站立这一观念的材料，而这种观念则能够作为一种正确行为的起点。只有习惯已经是好的人，才能知道好是什么。对各种行为路线的方向与目的直接的、似乎是本能的感觉，实际上都是对在直接意识之下起作用的习惯的感觉。关于知觉错觉的心理学(the psychology of illusions of perception)中，有许多由习惯引入的对所观察对象进行扭曲的例证。同样的事实也解释了在判断行动中的直觉性要素，即一种与主导习惯的性质相一致的有价值或无价值的要素。因为，正如亚里士多德所评论的，一个好人未受教导的道德知觉通常都是值得信赖的，但一个坏人未受教导的道德知觉则是不值得信赖的(他本该补充说，在评价谁是好人和谁是好的法官时，不但必须把个人习惯的影响，而且必须把社会风俗的影响都考虑在内）。

对执行一种思想观念所依赖的习惯来说是真实的东西，对这种观念的形成和性质来说也是真实的。假定通过一个适当的机会，人们偶然想起一个完全具体的观念或目的——具体的，不仅仅从语词上来说是正确的，当具有不正确习惯的人尽力按照它来行动时，会怎么样呢？很明显，只有凭借一种已经存在于那里的机制，这种思想观念才能被实施。如果这是有缺陷的，或者是被歪曲的，那么，世界上最好的意图也将会产生坏的结果。在没有其他机械的情况下，人们会假定一台有缺陷的机器也将生产出相当多的货物，而这只是因为它被要求如此。我们在其他各处都看到，所使用的媒介的结构和设计直接影响着所做的工作。如果有一个坏习惯，而"意志"或心理倾向于得到一个好的结果，那么，实际发生的情况就会是一种倒错或完全颠倒的通常错误之显现——一种向着相反方向的补偿性曲解。拒绝承认这一事实，只会导致心灵和躯体的分离，并导致假定心理的或"心灵的"机制在种类上不同于那些躯体活动的机制，且不依赖于后者而存在。这种观念是如此根深蒂固，以至于像现代心理分析这样的"科学"理论也认为，无需参照由于不良躯体倾向所引起的感觉和知觉的扭曲，心理习惯就能够通过某种纯粹心灵的操纵而被改正。另一方面的错误可以在"科学的"神经生理学家的思想观念中找到，即为了矫正行为，唯一必须做的就是不依赖于习惯的有机复杂整体而寻找某一特定的患病细胞或局部受损害的部位。

手段就是手段；它们是中介物，是中项。为了理解这一事实，就要讨论通常关于手段与目的之间的二元论观点。从一个遥远的发展阶段来看，"目的"不过是一系列行为；而从先前的发展阶段来看,手段也不过是这一系列行为。只是在考察所提出的行动方式的路线,即在时间之中相关的行动系列时,才出现了手段与目的的区分。"目的"被认为是最终的行为,而手段则是在时间上先于它而被实施的行为。为了达到一个目的,我们必须转移我们关于它的注意力,并关注接下来实施的行为。我们不得不使这一行为成为目的。这一陈述唯一例外的情况,是那些约定俗成的习惯规定着这一系列行为的路线之事例。所有需要做的,就是提示我们从它开始。但是,当所提出的目的包括了任何对通常行动的偏离或对它的矫正时——就像在笔直地站立这一事例中那样——要做的主要事情就是找到某种不同于通常行为的行为。发现和实施这种不寻常的行为,就是我们必须全身心投入其中的"目的"。否则,我们将不过是重复已做过的事情,而不顾我们有意识的命令。达到这一发现的唯一方式,就是通过侧翼运动来实现。我们甚至必须不再持有笔直地站立这一想法。持有这一想法是致命性的,因为它把我们交托给已经确立起来的错误的站立习惯的作用之下。我们必须找到一种为我们所掌控的行为,它与任何关于站立的思想都没有关联。我们不得不着手做另外一件事情,从而一方面阻止我们落入习惯性的坏姿势之中,另一方面则成为也许把我们引入正确姿势的行为系列之起点。①一直想着不要饮酒的酒鬼正在做的,是如何能够促使他喝酒之行为的发生。他正在以对他这一习惯的刺激为起点。接下来,他必须找到某种积极的兴趣或行动方式,它们将阻止喝酒的一系列行为,并

---

① 在已经提到的亚历山大先生所著的书中,对这个过程的技术作了说明,而且所给出的理论说明也借用了亚历山大先生的分析。

通过制定另外一种行动路线以带领他达到他所欲求的目的。简而言之,这个人的真正目的就是要发现某一行动路线,而这一路线与饮酒或笔直地站立的习惯无任何关系,并将带领他到达他想要去的地方。这一另外行为系列的发现,既是他的手段,同时又是他的目的。在人们十分认真地对待中间的行为并把它们视为目的以前,他们改变习惯的任何努力都是在浪费时间。在中间行为中,最重要的就是下一个行为。最初或最早的手段就是所要发现的最重要的目的。

目的和手段是同一实在的两个不同的名称。这两个名称指的不是一种实在上的分裂,而是一种判断上的区分。如果不理解这个事实,我们就不能理解各种习惯的本性,也不能超越通常关于道德行为与不道德行为的区分。"目的"是在集合意义上来对待的一系列行为之名称——像"军队"一词一样。而"手段"是在个别意义上来对待的同一系列行为之名称——像这位士兵或者那位军官一样。想到目的,意味着延伸并扩展了我们关于要被实施的这一行为之观点;意味着在视野中看到了下一个行为,而不允许它占据整个视域。牢记目的,意味着直到我们对所依托的行动路线形成了某种合理而明确的观念为止,不应该停止思考我们的下一个行为。另外,达到遥远的目的意味着把目的看作是一系列手段。说一个目的是距离遥远的或遥不可及的,说它实际上毕竟还是一个目的,这就等于说,在我们和它之间有许多障碍和干扰。然而,如果它仍然是一个距离遥远的目的,那么,它就仅仅是一个目的,是一个梦想。只要我们规划了它,那我们在思想中就不得不开始向后运转。我们不得不把要做什么改变为怎样做,即变为所依凭的手段。所以,目的作为一系列"接下来发生的事情"

而再次出现,而接下来所发生的最重要的事情就是最接近这一行动现在状态的事情。只有当目的被转变为手段时,它才可以被明确地思考,或者才可以被从理智上去界定,更不用说才可以被执行了。仅仅作为目的,它是模糊的、混沌的,并仅给人以一般的印象。直到在心理上制定出一种行动路线为止,我们都不知道我们真正寻求的是什么。拥有神灯的阿拉丁可能无需把目的转换为手段,但其他任何人不可能做到这一点。

现在,离我们最近的事物,即为我们所掌握的手段就是习惯。某种被环境所阻碍的习惯是目的产生的根源。它也是实现这一目的的基本手段。这种习惯是有推动力的,无论是否被设想为一种视域中的目的,它总是朝向某一目的或结果运动。能行走的人确实可以行走,能说话的人也确实可以交谈——即使只是和他自己交谈。这一陈述如何与我们并不总是行走或说话,即我们的习惯似乎经常是潜伏的和无效的这一事实相一致呢?这种静止(inactivity)只对公开的、可见的、明显的活动而言为真。在现实中,每一种习惯在所有醒着的状态下都是起作用的;可是,就像轮流掌舵的船员们中的一员,它的作用只是在偶尔或极少的情况下,才会成为行为中主导性的典型特征。

行走这一习惯会在一个人保持静止时所见到的事物中表现出来,即使在梦中也是如此。认识到事物与其静止时所在的位置之间的距离和方向,很明显,就是这一陈述的明证。就看见前方确定之物的习惯反作用于或隐藏了运动这一习惯而言,运动这一习惯是潜在的。但是,反作用不是抑制。运动是一种势能,这不是在任何形而上学的意义上而是在物理学的意义上来说的,就后一种意义而言,在任何科学的描述中,对势能与动能都必须加以考虑。由于这个缘故,一个有运动习惯的人所做所想的每一件事情,与他的所做所想都是不同的。这一事实在当下的心理学中已经被认识到,但被错误地与感觉联系起来。如果不是由于在每一行为中所有习惯的连续作用,诸如性格之类的事物就不可能存在,存在着的就只不过是一堆孤立的行为,而且是一堆松散的孤立行为。性格是各种习惯相互渗透的结果。如果每一种习惯都存在于孤立的空间中,并且不受其他习惯影响或影响其他习惯而起作用,那么,性格就不会存在。也就是说,行为就会缺乏统一性,而只不过是把对孤立的情形所作出的毫无关联的反应并置起来。但是,由于环境是重叠的,由于情形是连续的,而且,那些彼此之间相隔遥远的情形也包含着相似的要素,各种习惯之间连续不断的变更就会经常发生。一个人也许因一个表情或一种手势而出卖了他自己。性格通过个体行为的中介,才能被理解。

当然,相互渗透从来不是全部的。在我们称之为刚强的性格中,这一点最为明显。整合(integration)是一种完成,而不是一种数据。在一种软弱的、不坚决的和摇摆不定的性格中,不同的习惯彼此交替出现,但不是彼此互相体现。一种习惯的连续性,即强度,不是它自己的所有物,而是由被吸收到它自身中的其他习惯的力量所强化。常规性习惯的专门化,总是反对互相渗透的观点。具有"鸽笼式"心灵的人并不少见。他们对于科学的、宗教的、政治的问题进行判断的各种标准和方法,就是把行为习惯狭隘化和孤立化的证明。性格不能成功地承受被要求把相互冲突的倾向统一起来的思想和努力之重负,因而它就在不同的喜好与厌恶系统之间建立起各种障碍。容易冲突的情绪压力不是通过重新调整的方式,而是通过努力限制它的方式才得以避免。然而,普遍性也有例外。这种人在意识中,而不是在行动中,成功地把各种不同的反应方式完全割裂开来。他们的性格以这种分裂所导致的伤痕为标志。

习惯之间的互相改变,使我们能够界定这种道德情形的本性。总是思考不同习惯之间的相互作用,也就是说,总是思考一种特定习惯对性格——全部相互作用的名称——所产生的影响,这一做法既无必要,也不明智。这种考虑分散了对培养一种有影响力的习惯这一难题的注意。一个正在学习法语,或者学下国际象棋,或者学习工程学的人,全身心地投入他的特定职业之中;他会对经常探究它对其性格所产生的影响而感到困惑,并被这种探究所妨碍。他就像蜈蚣一样,由于努力思考与所有其他条腿相关联的每一条腿的运动而不能行进。在任何给定的时间中,某些习惯自然必定被认为理应如此。它们的活动就不是关于道德判断上的事情。它们被认为是专门性的、消遣性的、职业性的、卫生性的或是经济性的、艺术性的,而不是道德性的。如果硬把它们拉入道德中,或者拉入对性格各个方面的隐秘影响中,那就是在培养道德上的无病呻吟或自命不凡的姿态。然而,任何行为,甚至通常被认为是微不足道的行为,对习惯和性格来说,都会使诸如有时要求从行为整体的角度来判断这样的后果成为必要的,然后再接受道德的审察。认识到何时不用道德判断来区别行为,何时使行为服从于道德判断,这本身就是道德中一个较大的因素。重要的问题在于,道德与非道德之间这种相对实用的或理智上的区分,已经被固定为一种不变的和绝对的区分,以至一些受欢迎的行为永远被看作是道德的,而其他行为永远被看作是非道德的。但是,认识到一种习惯与其他习惯是相关联的,会防止我们犯这种致命性的错误。因为它将使我们明白,性格是各种习惯之间有效的相互作用之名称;并使我们看到,在许多需要优先考虑的事物中,由一种特定的习惯所产生的难以觉察的变更而引起的累积性影响,在任何时候都会要求人们给予关注。

　　从我们一直运用"习惯"一词的用法来看,它似乎多少有些扭曲了其约定俗成的用法。但是,我们需要一个语词来表达那种受先前活动影响的、在此意义上是后天获得的人类活动;这种人类活动在其自身之内,包括了某种由行动中的次要要素所构成的系统化或秩序化;这种人类活动从性质上来说,是向外突出的和有活力的,并且随时准备公开展现自身;这种人类活动是以某种被压制的和附属的形式起作用的,即使当它不是明显地居于主导地位时亦如此。习惯即使在其日常用法中,也比其他任何语词更接近于指称这些事实。如果我们认识到这些事实,也可以运用"态度"和"倾向"这些语词。但是,如果我们自己首先不清楚在习惯这一名称之下已经列举出来的这些事实,那么,这些语词比习惯一词更有可能会引起误解。因为后者明确地表达出了起作用的和现实性之意义。日常用语中的态度和倾向,暗指某种潜在的和隐藏的事物,暗指某种要求外在于其自身的积极刺激才能成为活跃的事物。如果我们感觉到这两个词汇指的是各种积极的行动形式,而这些行动形式只有通过消除某种具有反作用的"抑制性"倾向才能彰显出来并成为公开的,那么,我们就可以用它们而不用"习惯"一词来指称后者被压制的、非公开的形式。

　　在这种情况中,我们必须铭记,"倾向"一词意味着,无论何时,只要有机会,就准备以一种特定的方式去公开行动的倾向,而这种机会就是要消除某种起主导作用的公开习惯所产生的压力;

并且铭记,"态度"一词意味着某种特殊的倾向,即仿佛等待着跳过一扇开着的门的倾向。尽管我们承认,"习惯"一词一直是在比通常所理解的略加宽泛的意义上使用的,但必须反对在心理学文献中把其含义限制在重复上这种倾向。与我们已经在更宽泛的意义上使用这个词的方式相比,这种用法和通常的用法更加不一致了。它从一开始就假定习惯与常规相同。重复绝不是习惯的本质。行为中重复的倾向是许多习惯而非所有习惯中的一个插曲。一个有容易发怒习惯的人,也许会通过对触怒他的人进行凶残的攻击来表现他的习惯。虽然这在其生命中只发生过一次,但他的行为也是由习惯所引起的。习惯的本质就是后天获得的各种反应方式或模式的一种倾向,但不是特定行为的倾向,除非在特殊的条件下,这些行动表现了一种行为的方式。习惯意味着对某一类刺激物的特殊敏感性或易接受性,意味着长期存在着的偏好与厌恶,而不是特定行为的纯粹重现。习惯意味着意志。

第三章 性格与行为

CHARACTER AND CONDUCT

把习惯的动力与各种习惯之间的连续性结合起来理解,就解释了性格与行为的统一性,或者更具体地说,解释了动机与行为、意志与行为的统一性。但是,诸种道德理论却经常把这些事物分离开来。例如,一种类型的理论宣称,从道德上看,只对意志、倾向和动机给予考虑;而认为行为是外在的、物质的和偶然的;认为道德上的善不同于行为中的善性,因为后者是通过后果来度量的,而道德上的善或美德是内在的,其本身是完满的,这就像自身闪闪发光的珠宝一样——然而,这是一个不可靠的比喻。另一种类型的理论则宣称,这样一种观点就等于说,所有成为有德性的必须之事是培养情感的状态;认为应当鼓励不考虑行为的各种实际后果的做法,而且剥夺行为者关于行为的正当性和非正当性的任何客观标准,使他们被迫重新依赖他们自己的奇想、偏见和私人特性。这两种理论就像哲学理论中大多数相反的极端情况一样,都犯有一个共同的错误,即它们都忽视了习惯的推动力量和各种习惯彼此之间的蕴含关系。因此,它们把一个统一的行为分裂为两个毫不相关的部分:内在的部分被称为动机,而外在的部分被称为行为。

人的主要的善就是意志,这种学说很容易被诚实的人赞同。因为常识运用了比刚刚提到的上述两种理论中的任何一种都更为合理的心理学原理。常识通过意志来理解实际的、运动的事物。它理解各种习惯的主要部分和各种使人去做他所做之事的积极倾向的主要部分。因而,意志不是某种与后果相对立或分离之物。它是各种后果的原因;就其自身方面,即直接先于行动这一方面而言,它是起因。人们似乎很难想象,实际意义通过意志意味着某种可能是完满的事物,而与被推动的行为和所引出的结果无关。即使是最老练的专家,也不能阻止这种重返常识之荒谬性的旧疾复发。康德在把后果完全排除于道德价值之外的方面达到了极限,但他非常明智地认为,一个由具有善良意志的人所组成的社会,将是一个实际上保持着和平、自由和合作的社会。我们不把行为意志(the will for the deed)看作是行动的代替物或一种什么也不做的形式,而是在其他事物都相同的情况下,从正当的倾向将产生出正当行为这一意义上来说的。因为一种倾向意味着一种行为趋向,意味着一种只要有机会就会成为公开的和运动的潜在能力。除了这种趋向以外,一种"有德性的"倾向要么是虚伪的,要么是自欺的。

简而言之,常识绝不会完全忽视限定和界定道德情形这两种事实。一种事实是后果确定了行为的道德性质,另一种事实是从整体上看或从最终来看,后果因欲望和倾向的本性而是其所是,但这不是绝对的。因此,对那些在其习惯性行为所导致的结果中并没有显示出他的善性的"善"人的道德,人们自然会采取轻视的态度。但是,人们也厌恶把全部归因于甚至是最善良的倾向,因而厌恶无限制地运用后果这一判断标准。一种只是在圣日被赞美的神圣性格是虚幻的。如果诚实或纯洁或仁慈这些美德仅仅依赖于自身,而没有产生确定的结果,那么,它们就是在毁灭自身并消失于无形。把动机与行动中的推动力分离开来,这既可以解释职业之善的不健全性与无用性,也可以解释对那些具有强烈执行习惯的、喜欢"把事情做完"的人们所持有的道德或多或少在下意识中被蔑视的原因。

然而,如果不考虑行为有活力的倾向和它的具体后果,就不可能对行为作出真正的判断,这种一般性的假定是有理由证明的。然而,其理由不是倾向与后果的分离,而是需要从更宽泛的意义上来看待后果。这种行为只是众多行为当中的一种。如果我们把自己限制在这一行为的种种后果之中,我们就得作出可怜的推测。倾向是习惯性的、持久的,因此,它会在许多行为和后果中显明自身。只有当我们持续不断地考察,我们才能判断倾向,才能从偶然性的伴随物中揭示出它的趋向。一旦我们准确地知道了它的趋向,就能把一种单一行为的特定后果置于一个包含有连续性后果的、更广阔的情境之中。因此,我们可以防止自己把重大的习惯看作是渺小的,防止把从总体的后果看是无辜的行为夸大。没有必要抛弃这一在判断行为时首先要有探究倾向的常识观点;但非常必要的是,应当通过科学心理学来指导对倾向的评判。例如,我们的法律程序在对犯罪行为过于柔弱的处理和非常敌意的处理之间摇摆不定。只有当我们按照习惯来分析行为,并按照教育环境和先前的行为来分析习惯时,这种摇摆不定的状况才能得到解决。当人们处理每一个别案例的方式,与每一位称职的医生在处理其病人时自然而然地努力获得的完整临床记录相一致时,真正科学的刑法才会出现。

后果中不但包括可触及的明显结果,而且也包括对性格的影响,以及对增强和削弱习惯的影响。对影响性格的这些因素的关注,也许意指最合理的预防措施或最令人憎恶的实践之一;这也意味着集中关注个人的正直而不顾客观的后果,即一种创造出完全非真实的正直的实践。但是,这也可能意味着对客观后果的考察适时地在时间中延展着。例如,人们可以通过它那直接公开的影响、时间和精力的消耗,以及日常货币管理的紊乱等等来对赌博行为进行判断,也可以通过它影响性格的后果来判断,即导致长期的容易激动、持续的默不作声和漠视严肃而稳定的工作。考虑后面这些影响,就等于从更广泛的意义来考虑未来的后果;因为这些倾向影响着未来的同伴关系、职业、业余爱好,以及家庭生活和公共生活的整个方向。

由于同样的原因,尽管常识并没有陷入美德或道德上的善与在所谓的道德里起重大作用的自然之善的尖锐对立中,但它也没有坚持认为这两者完全相同。由于美德是如此重要的手段,所以它们是目的。变得诚实、勇敢与仁慈,就是在通往产生出特定自然之善或令人满意的实现之途中。当道德上的善与其后果相分离时,以及当试图确保它们彻底的、无误的同一时,理论就开始出现错误。就有效的现状而言,有理由把仅仅居于性格中的、作为道德之善的美德与其客观后果区分开来。事实上,性格中值得欲求的特征并不总是产生出值得欲求的结果,尽管善的事情经常不借助善良意志而发生。运气、偶然、意外也有它们各自的作用。一种善良性格所做出的行为在运行时会发生偏斜,而一种狂热的自我中心主义却可以利用对荣耀和权力的渴望而做出满足社会迫切需要的行为。对此的反思表明,我们必须通过下述两种需要考虑的因素来完善性格或习惯与后果之间有道德上的关联这一信念。

一种需要考虑的因素,是我们倾向于以非常固定的方式来理解性格中的善性和结果中的善性这一事实。有德性的倾向和实际的结果之间持续的差异表明,我们要么已经错误地判断了美德的本性,要么错误地判断了成功的本性。如果没有科学分析、连续记录和描述的方法,对动机和后果的判断就仍然是初步的和传统的。我们倾向于从整体上来判断性格,把人们的性格分为山羊型和绵羊型,而不承认所有性格都是有斑点的,并且不承认道德判断的难题是把行为与习惯的复合体区分为要被特定地培养和谴责的各种趋向之难题。在我们能够合理地确保对无论是倾向中或结果中的善与恶发表意见之前,需要更彻底地研究后果,需要更连续地追踪它们的轨迹。但是,即使我们真正地考虑到这一点,那也是促进我们假定在倾向和结果之间有或永远有一个精确的对等。我们不得不承认偶然的作用。

我们不能超越趋向,并且不得不满足于对趋向的判断。我们被告知,诚实的人根据"原则"行动,而不是考虑有利,即考虑特定的后果来行动。在这一谚语中所包含的事实是:在孤立的事例中,通过可能的后果来判断计划要做的行为之价值是不可靠的。"原则"一词是对趋向这一事实的颂扬式遮掩。"趋向"这个词是试图联结两种事实的尝试:一种事实是习惯具有某种因果效验;另一种事实是习惯在任何特定的事例中所起的作用都受制于意外性,受制于未预见到的、并把一种行为引向与其通常结果相对立的环境。如果有任何可疑之处,除了求助于坚持"趋向",即坚持一种习惯最终的可能结果,或者像我们所说的总体效果之外,别无选择。否则,我们就得密切注意有利于我们直接欲望的例外。困难在于,我们并不满足于适当的或然性。因此,当我们发现一种善的倾向可能产生出坏的结果时,就像康德说的那样,我们认为这一结局或后果与行为的道德性质毫无关系,或者说我们为了不可能之物而奋斗,目标是某种绝对无误的关于后果的计算法,通过这种计算法来衡量每一具体事例中的道德价值。

人类的自负已经起到了很大的作用。它一直要求从欲望和倾向的立场或者至少从善良的人的欲望和倾向的立场出发来判断整个宇宙。宗教的影响一直怀着这种自负,因为它使人们认为宇宙万物永远共同支持善、消除恶。这一影响通过一种精细的逻辑,已经使道德成为虚幻的和超验的。因为既然实际经验的世界不能确保性格与结果之间的一致性,人们可以推断必定有某种隐秘的、更真实的实在,它迫使在此世中不相等之物相等。因而,在关于另一个世界的通常观念中,性格中的美德与邪恶共同导致它们在道德上的确实应得之份。这一观念作为一种驱动力量,同样可以在柏拉图的思想中发现。这些道德实在必定是最高级的。然而,在苏格拉底喝下犯罪者的毒药以及邪恶者占据着权力位置的世界中,这些道德实在是极为矛盾的。所以,必定有一个更真实的终极实在,在其中,正义只是并且绝对是正义。某种同样的观念,潜伏在所有渴望实现抽象正义、抽象平等或抽象自由的背后。这是所有"理想主义的"乌托邦的源泉,也是所有大规模的悲观主义和怀疑生命的源泉。

功利主义证明了不正确地对待这种情形的另外一种方式。对于功利主义者来说,趋向不是完全善良的。他们想要在行为与后果之间建立一个数学等式。因此,他们轻视稳定的、可控制的因素,即倾向这一因素,他们紧紧抓住的就是大多服从于捉摸不定的偶然性的事物——快乐和痛苦——并且从事根据确定的结果来判断一种与性格相分离的行为这一毫无希望的事业。一种诚实的、适中的理论将坚持趋向的或然性,而不把数学引入道德之中。当后果实际上展示了自身时,人们将对它们保持敏感的觉察,因为人们知道,它们对习惯与倾向的意义给出了我们能够获得的唯一指引。但这决不是假定一种道德上的判断达到确定性是可能的。我们在此不得不竭尽所能来对待习惯,这些力量大多处于我们的掌控之下；而且，如果人们并没有试图准确地判断每一种行为，那么，在详细解释它们的一般趋向上将更为手忙脚乱。因为每一种习惯在其自身中都综合了一部分客观环境，没有一种习惯或各种习惯的总和能够在它或它们自身之中综合整个环境。在习惯与实际达到的结果之间，将总是存在着不同。因此，在观察后果，在改正和重新调整习惯，即使是最善良的习惯上，也决不能放弃理智的作用。每当我们的习惯在与它们的形成环境不同的环境中被运用时，其后果都显示出这些习惯中具有未曾预料的潜能。假定有一个稳定的、不变的环境（即使是渴望这样一种环境），因其与旧习惯相关联，被表明只是一种虚构。功利主义关于行为与后果相等的理论，就像假定有一个固定不变的先验世界，道德理想在其中是永恒不变的实在这种观点一样，是一种自负的虚构。两者实际上都否认时间和变化同道德的相关性，尽管时间就是道德努力的本质。

因此，通过一条未曾预料到的途径，我们遇到了道德是主观的还是客观的这一古老的问题。道德基本上是客观的。因为正像我们已经看到的，意志具体而言，意味着习惯；而习惯在自身中综合了环境因素。习惯不仅是对环境的适应，而且也是对环境的调整。同时，环境是多样性的，而不是都一样的；因而，意志和倾向也是多元的。但是，多样性本身并不意味着冲突，而是意味着冲突的可能性，并且这种可能性只有在实际中才会成为现实。例如，生命包括饮食习惯，而这一习惯反过来又包括有机体与自然的统一。尽管如此，这一习惯也会陷入与"客观的"、并与它们的环境处于平衡的其他习惯相冲突的状态之中。荣誉、关心他人或礼貌这些道德上值得欲求的目的，与饥饿相冲突。于是，道德是完全客观的这种观念受到了冲击。那些希望维持这种思想观念不受损害的人，走上了通往先验论之路。他们说，经验世界确实是分裂的，因而任何自然道德都必定与其自身相冲突。然而，这种自相矛盾仅仅指向了一种只有真正优良的道德所关注的更高级的、固定不变的实在。客观性以牺牲与人类事务的相关性为代价而被保存下来。我们的难题是要去理解客观性在自然主义基础之上意指什么；道德如何既是客观的，又是世俗的和社会的。然后，我们也许才能确定在何种经验危机中，道德可以合理地依赖于性格或自我——即"主观的"。

前面的讨论已经指出了回答的方式。一个饥饿的人不可能把食物看作是善的，除非他实际上已经借助于周围的环境条件体验到了食物是善的。首先出现的是客观的满足。但是，他发现自己处于善在事实上被否认的情形之中。于是，它就活在想象之中。那种不允许被公开表达的习惯，在思想中肯定它自身。这促成了关于食物的思想和理想。这种思想不是那些经常被称为苍白无力的抽象思想，而是被指责为习惯的紧急推动力量。作为善的食物，现在是主观的，是个人的。但是，它在客观条件中有其根源，而且它在向着新的客观条件前进。因为它努力确保去改变环境，以至于食物在现实中将再次出现。食物在从一个对象向另一对象暂时过渡的阶段中，是一种"主观的"善。

这一类比只是在表面上与道德相似。一种在公开活动中被阻止的习惯依然在继续起作用。它就在充满欲望的思想中，即在一个理想的或想象的、并在其本身内体现着受到阻挠的习惯力量之对象中，彰显着自身。因此，它要求改变环境，而这一要求只能通过对旧有习惯进行某种修正和重新安置才能得以满足。当柏拉图坚持认为理想对象的价值就是它作为重新组织实际场景的模式而发挥作用时,他甚至也暗示理想对象的自然功能。遗憾的是,他不能明白模式仅仅存在于重新组织之中,而且是因为重新组织的缘故而存在的,以致模式不是经验的或自然的客体,而是具有工具作用的物件。由于不明白这一点,所以,他把重新组织的功能转变为一种形而上的实在。如果我们试着对此作专业化的陈述,那么,我们将说:道德合理地成为主观的或个人的,因为一旦曾经在其作用中包括客观因素的活动失去客体的支持,那么,它就会努力改变现有的条件,直到重新获得它所失去的支持。这完全是一个人所做的一切,他记得先前口渴的满足以及口渴出现的条件,于是就挖了一口井。与他的活动相关的水,暂时存在于想象之中,而不是存在于实际之中。但这一想象不是自我产生的、自我封闭的心灵存在。它是一个先前客体持续作用的结果,而这一客体已经被综合到有影响力的习惯之中。一个客体在新的情境下以新的方式起作用,在这一事实中没有任何奇迹。

关于先验的道德,据说它至少仍然透露着目的和善的客观特征。当暂时性的(尽管是经常发生的)重组危机事件本身被看作是完全的和最终的时候,纯然主观的道德才会出现。一个具有与客体共同合作而形成的习惯与态度的自我,先于当下周围的客体而趋于达到一种新的平衡。主观的道德取代了一种总是与客体相对的自我,并产生出不依赖于客体的理想,而且这一理想不是暂时地而是恒久地与客体对立。对它来说,成就或任何成就都是不重要的、次等的,都是仅存在于心中的理想的可怜而低劣的代替品,都是由于自然的必然性而不是道德上的原因与现实达成的一种妥协。实际上,这不过是一个临时插曲。自我和个人,一度以他自己习惯中所具有的、被现有环境所否定的善来反对当下环境中的各种力量。由于这一自我与各种客观条件相分离,而且暂时在曾经的善和完满与希望以某种新的形式来恢复的善和完满之间摇摆不定,所以,主观性的理论取代了犯错误的灵魂,这一灵魂在模糊的过去所失去的天堂与朦胧的未来将重新获得的天堂之间毫无希望地彷徨着。事实上,即使当一个人在某些方面与他的环境不一致,并因此而不得不暂时作为善的唯一媒介(agent)而行动时,他在许多方面仍然受到各种客观条件的支持,仍然具有未受扰乱的善与美德。人们有时确实是死于饥渴,但从整体上来说,在他们去寻找水时,他们的生命被其他可以满足其要求的力量所维持。然而,从更大的范围来看,主观性道德造成了一个孤立的、没有客观联结和支持的自我。实际上,邪恶与美德之间存在着一种相互转换的混合。许多理论都描画了一个上帝在天堂而魔鬼在地狱的世界。简言之,道德学家们没有想起,当习惯仍然存在着,而其所综合的世界已经改变时,道德欲望和目的与当下现实性的分裂就是不可避免的。这一失败的背后隐藏着的是:没有意识到在世界发生变化时,对旧有的习惯必须进行必要的修正,不管它们曾经是多么的善良。

很显然,任何这种变化都只能是实验性的。已经失去的客观的善在习惯中仍然存在着,但它只有通过某种尚未被体验到的,而且只能被不准确和不确定地期望的事件为条件,才能以客观的形式重现。根本的要点是:期望至少应该指引,并促进这一努力,而且它应当是一个起作用的假说,随着行动的继续而不断被事件所矫正和发展。曾经有一段时间,人们相信外部世界的每一客体都有作为形式而印在自身之上的本性,而且相信理智只是省察和读出一种内在的、自我封闭的完满本性。17世纪开始的科学革命成功地抛弃了这种观点。它开始意识到，每一自然客体实际上都是在时空中与其他事件相连续的事件，都是只有通过实验性探究才能被认知的，而这种实验性探究将揭示出许多复杂的、模糊的和细微的关系。任何被观察到的形式或客体，都不过是一种挑战。这一事例并不与正义、和平、人类友爱、平等或秩序的理想相反。所有这些也都不是通过省察才能认知的自我封闭之事物，就像客体曾经一度被认为是通过理性洞察而被认知的那样。它们像雷电、结核病和彩虹一样，只能通过对行动所导致的后果进行广泛而细微的观察来认知。一种关于孤立的自我和主观性道德的错误心理学，从道德中排除了对道德而言是重要的事物，即在其客观后果中的行为与习惯。同时，它没有抓住道德中个人主观方面的主要特征：欲望和思想在破除旧有的僵化习惯上，以及在为重新创造环境的行为所作的准备上，都具有重大的意义。

第四章 风俗与习惯

CUSTOM AND HABIT

我们常常认为,制度、社会风俗和集体习惯是由个体习惯联合而形成的,这一假定大体上是与事实相悖的。风俗或普遍一致的习惯的存在,在相当大的程度上,是由于个体面对同样的情形并作出相似的反应所致。但是,风俗的持续存在,在更大程度上,是因为个体在先前风俗所规定的条件作用下形成了他们的个人习惯。一个个体由于继承了其所处的社会群体之言语,所以通常会获得道德。这一群体的各种活动早就已经存在于那里,并且把他们自己的行为同化于他们的模式之中,这里是参与其中的一个先决条件,因而也是参与到正在发生的事情中的一个先决条件。每个人出生时都是婴儿,而且每个婴儿从第一次呼吸与引起别人注意和要求的第一声啼哭开始,就是主体。这些别人不只是具有一般性心灵的一般性的人,他们是具有习惯的存在物,是大体上尊重他们所具有的习惯的存在物。如果没有其他原因的话,具有了这些习惯,他们的想象就由此受到限制。习惯的本性是坚定自信的、持续的和自我永存的。如果一个孩子学习任何语言,他就是在学习他周围那些人说和教给他的这种语言。他能够说这种语言,是他与他们进行有效交流、使自己的各种需要被他们所知并得到满足的前提条件,在这一事实中没有任何奇迹。慈爱的父母和亲戚常常自然地理解这个孩子一些自发的言语模式,而且这些模式至少暂时成为了这个群体言语中的组成部分。但是,与风俗在形成个体习惯中所起到的作用相比,这些词汇在全部使用着的词语中所占的比例,可以准确地衡量出纯粹个体的习惯在形成风俗中所起的作用有多大。很少有人用财富来建造一条私人道路去旅行,因为他们发现利用已经存在的道路很方便,很"自然";除非他们所建造的私人道路在某一地点与公路相连接,否则,他们不可能建造这些私人道路。

对我来说,这些简单的事实似乎对经常被神秘光环所笼罩的各种问题给出了简易的解释。谈论"社会"先于这个个体,就会沉迷于无意义的形而上学之中。但是,说人类有某种先在的联系先于降生在这个世界中的每一个特殊个体,这是一种陈词滥调。这些联系是人们彼此之间相互作用的确定模式;也就是说,它们形成了风俗和制度。在一切历史中,没有任何问题像"个体"如何努力构建"社会"这个问题一样,如此做作的了。这个难题是由乐于玩弄概念而引发的,并且由于概念被避免与不便的事实相联系,所以才继续讨论。幼儿期和性这两种事实不得不被单独地回想起来,从而明白讨论这一特定难题的概念是如何被捏造出来的。

然而,那些被建立起来的、或多或少是深深地习惯了的相互作用系统,即我们称之为大的或小的社会群体,是如何更正必定被卷入它们之中的个体活动的,以及作为其组成部分的个体活动是如何重塑和改变先前就已经确立起来的风俗的,这些是非常重要的难题。在生而为婴儿并逐渐长大成熟的人类中,从风俗以及它先于习惯的形成角度来看,当心灵被看作是某种先于行动之物(如正统心理学所教给我们的观点那样)时,现在常常被归于集体心理、群体心理、民族心理、大众心理等等概念之下的事实都失去了它们所散发的神秘气息。令人费解的是,除了某种被明确而肯定地意识到的、无论是情感意义上还是理智意义上的风俗之外,集体心理还意味着何种东西。①

---

① 群众心理学(mob psychology)也服从同样的原则,但它是从否定的方面来说的。大众和群众显示出各种习惯的分裂,而这种分裂释放了冲动,并使(转下页)

人们降生的家庭总是一个位于乡村或城市之中的家庭,这个城市或乡村与其他或多或少是完整的活动系统相互作用,并在其自身中包括了各种群体,如教会、政党、俱乐部、派系、合伙企业、工会和公司等等。如果我们从一开始就把传统的心灵概念作为某种本身就是完善的事物,那么,我们就很有可能对一种共同的心灵或各种共同的感觉、相信和意图方式是如何出现并形成这些群体的难题感到十分困惑。如果我们认识到,无论如何必须以群体性的行动,即某种完全确定的个体之间相互作用的系统而开始,那么就会完全相反。在任何特定的时间和地点而存在的各种群体或确定的风俗的起源与发展这一难题,不能通过精神性的原因、要素和力量而得以解决。它应当通过对食物的需求、对房屋和配偶的需求、对倾诉与倾听的需求、对控制其他人的需求这些

(接上页)人更容易受到直接刺激物的影响。习惯的这种功能不像在俱乐部、思想派别或政治党派的心理中所发现的那样。然而,一个组织,即一种具有确定习惯的相互作用的领导者们,为了完成某些计划,也许故意求助于将破除日常风俗的壁垒并释放了冲动的刺激物,其规模是如此之大,以至于产生出一门群众心理学。既然恐惧是对不熟悉之物的正常反应,那么害怕与怀疑,以及大量模糊的、相反的希望就是被大多数人用来实现这一结果的力量。在狂热的政治运动中以及在发动的战争中等等,这是一种平常的技巧。但是,像利本(Le Bon)的民主心理学那样同化了蔑视个体判断的大众心理学,却表明了心理洞察力的缺乏。政治上的民主像在任何习俗或制度中所见到的那样,展示出对思想的藐视。也就是说,思想被置于习惯之中。在大众和群众之中,它被置于不确定的情绪之中。中国与日本比西方的民主国家常常更能体现出大众心理学。在我看来,这不是因为在本质上有任何东方的心理学,而是因为它们有一个更为相近的背景,即有与转变时期的现象相关的僵化而牢固的风俗。许多新奇刺激物的引入,提供了使习惯变得不稳定的机会。因此,情绪的大幅度波动,很容易弥漫于大众之中。他们有时候是对新事物的热情波动,有时候是反对新事物的暴力反应波动——两者都同样是未加区别的。在西方国家中,战争已经遗留给我们一种多少相似的情形。

事实，即通过上文中提到的每一个个人开始时都是无助而有所依赖的生物这一事实所强化的各种需求来解决。当然，我的意思不是说饥饿、恐惧、性爱、群居、同情、父母之爱、喜欢指挥和喜欢被驱使、模仿等没有任何作用。但是，我确实意指这些词汇在它们最初的意思中，并没表达出精神性的或心智的要素或力量。它们指的是行为的各种方式，这些行为方式包括相互作用，即先前的各种群体。为了理解有组织的方式或习惯的存在，我们确实需要转到物理学、化学和生理学中，而不是转到心理学中。

毫无疑问，诸如意识这类事物究竟为什么存在这一问题是非常神秘的。但是，如果意识确实存在，那么，在它与其相关之物的关联中没有任何神秘之处。也就是说，如果一种作为各种因素相互作用的活动或集体活动被意识到，那么，似乎很自然，它应当采取一种反映这种相互作用的情绪、信念或意图的形式，而且它应当是一个"我们的"意识或一个"我的"意识。这既意味着它将被那些与相关的风俗有关或者多多少少有些像他们的人所共有，又意味着将认为它不仅仅关注人们的自我，而且关注其他人。例如，一种家庭风俗或有组织的行动习惯，既与某个其他家庭的风俗相关联，又与其相冲突。自高自大的骄傲情绪、优越于其他人"或像其他人一样善良"的信念以及坚持自己的意图，这些自然都是我们处理和解决问题时我们所具有的情感和观念。即使以共和党或美国国家来代替家庭，一般的情形也仍然如此。决定我们正在谈论的特定群体的本性和范围的各种条件，是最重要的问题。但是，它们本身不是心理学中的主题，而是政治学、法律、宗教、经济学、发明、通讯与交流技术史的主题。心理学是作为一种不可或缺的工具而出现的。但它所处理的问题是理解这些不同的特定主题,而不是什么精神性力量形成了一种集体心理因而组成了一个社会群体这一问题。这种陈述事实的方式是严重的本末倒置,因而自然会使其本身具有各种晦涩和神秘之处。简而言之,社会心理学的基本事实是以集体习惯,即风俗为核心的。除了一般性的习惯心理学——从这一词汇任何可理解的意义上来说,它是一般性的而不是个体性的——之外,我们还需要查明的是不同的风俗如何塑造了被这些风俗影响的人们所具有的欲望、信念和目的。社会心理学的难题不是个体心理或集体心理如何形成了社会群体和风俗,而是不同的风俗,即被建立起来的相互作用方式,如何形成并培养了不同的心理。让我们从这个一般性陈述重新回到特定的难题上,即过去的风俗所具有的僵化特征如何对与道德相关的信念、情绪和目的产生了不利的影响。

我们再次回到个体从婴儿时期开始他们的人生这一事实。对那些有更多经验并因此而有更大的、难以抵制的力量的人来说,年轻人的可塑性显示出一种诱惑性,它似乎就像可以根据当前的设计来塑造的面团一样。这种可塑性也意味着改变流行风俗的力量被忽视了。温顺不被看作是学习这个世界不得不教授的任何东西的能力,而被看作是对反映出他们当前习惯的其他人所提出那些教导的服从。真正的温顺就是渴望学习所有积极的、探求的、不断扩展的经验教训。当前风俗所具有的消极而愚蠢的性质把学习歪曲为愿意跟随其他人所指出的道路,歪曲为顺从、约束、抛弃怀疑主义和实验。当我们思考年轻人的温顺时,我们首先就会想起成年人希望强加给他们的许多信息和想要他们重复的行动方式,接着就会想到带有侮辱性的强制、谄媚的贿赂和庄严的教学法,这种教学法会使年轻人的生气渐渐消失,使其活泼的好奇心变得迟钝。教育变成了利用年轻人无助性的技艺;所形成的习惯就变成了保持和保护风俗的屏障。

当然,人们没有完全忘记习惯是能力,是技艺。任何身体方面后天获得的能力的杰出展示,如杂技演员或打弹子者的技能,都引起了普遍的赞誉。但是,我们喜欢具有限于技术方面的发明力量,而对那些展示出精湛技巧而不是美德的人的赞誉则有所保留。在道德方面,据说如果某一理想已经在领导者的生命中被例证,以至于它现在成为其他人追随和重复的组成部分,那就足够了。对于行为的每一分支,都有耶稣或佛陀、拿破仑或马克思、福禄培尔(Froebel)①或托尔斯泰(Tolstoi)为榜样,他们的行动模式尽管远远超出了我们的理解力,但可以通过不断传递给一批批更低的领导者而简化为一种可实行的复制品。

如果观念、目的存在于某一权威的心中就足够,这种思想支配着正规的学校教育。这种观点也弥漫在源于日常联系和交流的无意教育之中。在跟从被看作是常规之处,道德的创新性就必定是十分古怪的。然而,如果独立性是规则,那么,创新性就将服从严密的、实验性的检验,将不再被认为是古怪的怪僻,如同现在高等数学中的情况一样。风俗制度认为,无论一个个体是否理解他想要做之事,或者他是否通过某些运动而说其他人说过的话——重复惯用语大体上被认为比重复行为更重要,结果都是一样的。说宗派、派系或阶级所说的话,就是证明人们理解并且赞

---

① 福禄培尔(1782—1852年),德国学前教育家和幼儿园的创始人,强调儿童自我活动和自动性原则,并把游戏作为幼儿教育的基础,从而建立起学前教育理论,主要著作有《人的教育》等。——译者

同该派系所倾向之物的方法。从理论上来说，民主应当是一种激励思想创新的手段，并且是引起有意提前调整行动以对付各种新的力量之手段。但事实上，它仍然如此不成熟，以至于其主要影响就是提供大量模仿的机会。尽管事实如此，但所取得的进步仍然比在其他社会形式中更快，这纯粹是偶然的；因为各种模式彼此之间互相冲突，所以给个体提供了造成各种意见混乱的机会。当前的民主比其他社会形式更热烈地欢呼成功，并以一连串更为反复的回声包围着失败。但是，因此而被赋予的美德这一名声在很大程度上是偶然的。这与其说思想的成就内在地吸引着其他人，不如说是因为大量地做广告和有许多模仿者而声名卓著。

即使是自由的思想家们，也不会因为现存风俗的特征而认为习惯在本质上是保守的。事实上，只有在由过去的风俗所确定的信念和赞誉模式支配的社会中，习惯才是更为保守的而不是进步的。这一切完全取决于它的性质。习惯是由过去的经验所形成的一种能力和一种技艺。但是，一种能力是限于重复适合于过去条件的过去行为，还是能适应新出现的紧急情况，这完全取决于何种习惯存在。认为只有"坏"习惯才是有害的，并且按惯例来看坏习惯是可以列举的，这种趋向导致了所有习惯或多或少成为坏的。因为使一种习惯成为坏的，就是被旧有的成规(old ruts)所束缚。被善的目的所束缚，就会把机械的常规变成善的，这种一般性观念否定了道德上善的原则。它把道德与有时是理性的东西等同起来，这可能在人们自己先前的一些经验中如此，但更可能在目前被盲目地确立为最终权威的其他人的经验中也如此。合理性(与行为中的善性)的真正核心就是对现在包含在行动中的各种条件的有效控制。满足于重复，满足于越过在其他条件下导致善的常规,这是引起忽视实际现存的善的最可靠方式。

考察一下当习惯仅仅是重复无思想的行为之力量时,思想会怎么样。当思想被排除在习惯性活动之外时,思想在哪里存在并起作用呢?这种思想难道不是必然地被排除在有效的力量之外,难道不是被排除在控制客体和支配事件的能力之外吗?被剥夺了思想的习惯和空洞的思想是同一事实的两个方面。说习惯是保守的而称赞思想是进步的源泉,这就是采取最可靠的途径来使思想成为深奥的和不相关的,并使进步成为偶然的和灾难性的事件。准确地说,在当前身体与心灵、实践与理论、现实与理想分裂背后的具体事实就是习惯与思想之间的分裂。在日常行为习惯中并不存在的思想,缺乏执行的手段;由于没有实际的运用,它也缺乏检验以及检验的标准。因而,它就被打入一个独立的王国之中。如果我们试图据此来行动,那么,我们的行动就是笨拙的和被迫的。实际上,相反的习惯(正如我们已经看到的)开始起作用,并与我们的目的相悖。经过一些这样的实验之后,人们在潜意识中就会确定思想太宝贵、太高级,以至于不能被置于偶然性的行动之中。它仍然保留着这种分裂的用法;思想只满足思想而不满足行动。理想不必冒因与现实条件接触而被污染和歪曲之危险。于是,思想要么诉诸只存在于图书馆或实验室中影响行动的专业化和技术化的问题,要么就是多愁善感的。

与此同时,有某种"实践的"人把思想与习惯结合起来,并取得了实际效果。他们的思想就是他们自己的优势,而且他们的习惯也同样如此。他们支配着现实的情形。他们鼓励其他人遵守常规,也支持那种远离事件的思想和学问。他们把这种做法称之为维持理想的标准,把服从称赞为团队精神、忠诚、献身、遵从、勤勉、规律与秩序。但是,在其他人看来,他们在尊重规律——"规律"一词在他们看来,意味着现存状态的秩序——的同时,也在以他们自己的目的为宗旨,非常巧妙和深思熟虑地玩弄着规律。尽管他们公开指责独立的思想、自为的思想是颠覆性的无政府主义的符号,但在其他人看来,除非这种思想干扰他们受益所依赖的各种条件,否则,他们简直完全是为他们自己考虑,即他们考虑的完全是他们自己。这就是实践的人们所玩的永恒游戏。因此,只是出于偶然的原因,职业思想家们分裂的、天赋的"思想"才渗入行动之中,并且影响着风俗。

因为思维本身像人的任何其他能力一样,所以不能逃离习惯的影响。如果它不是日常习惯的一个组成部分,那么,它就是一个单独的习惯,就是一个与其他习惯并列而又远离它们的习惯,就像人的结构所允许的孤立而又根深蒂固的习惯那样。理论是理论家的财富,理智是理智主义者的财富。理论与实践所谓的分离,实际上意味着两种实践的分离,一种实践发生于外部世界,而另一种实践则发生于书房。思想这一习惯支配着一些材料(就像每一习惯必须做的那样),但这些材料是专业书籍和术语。思想观念客观化于行动之中,但言说与写作垄断了他们的行动领域。即便那样,下意识地努力保证所用的词语不被太过宽泛地理解。理智的习惯像其他习惯一样,需要有一种环境,但这种环境是书房、图书馆、实验室和研究院。它像其他习惯一样,产生出外在的结果和外在的财富。一些人获得了思想观念和知识,就像其他人获得了货币财富一样。尽管他们是为了其自身特有的目的而践履思想,但他们反对它,是为了未受训练的和易动摇的群众,因为对群众来说,"习惯"作为未经思虑的常规是必然的。他们赞同大众化教育——达到把少数人通过思想已经建立起来的事物作为权威的信息传播给众人的目的,并且达到把对新生事物的最初驯服转变为对重复和遵守的驯服之目的。

然而,所有习惯都包含着一种机械程式(mechanization)。如果没有建立一种从生理上来说根深蒂固的行动机制,并且只要给予相应的提示,这一机制就会"自然而然地"或自动地运行,那么习惯就是不可能出现的。但是,机械程式并不必然地是习惯的全部。让我们考察一下形成最初可供使用的生活能力所依赖的各种条件。当一个孩子开始学走时,他就敏锐地去观察,并专心而热烈地去实践。他注意看将要发生的事情,并好奇地注视着每一偶然事件。其他人所做之事,他们所给予的帮助,他们所树立的榜样,都不是作为限制来起作用的,而是鼓励了他自己的行为,并强化了个人的知觉和努力。最初的蹒跚学步,是对未知事物一种富有浪漫气息的探险;而且,每一种获得的力量都是对人们自己的力量和世界奇观的一种令人欣喜的发现。我们也许不能在成年人的习惯中保持这种理智上的热忱、这种在新发现的力量中所获得的新鲜满足感。但是,在正常运用包括某种步入未知领域的力量与囿于单调世界中的机械活动之间,确实有一个中间状态。甚至在对待无生命的机器时,我们也给予那种发明以较高的地位,因为它使其运转适应于各种不同的条件。

所有生命都是通过一种机制来运转的,而且生命形式越高级,其机制就越复杂、越可靠和越灵活。单单这一事实就应该使我们免于把生命与机制对立起来,从而把后者简化为无理智的自动作用,把前者简化为无目的的炫耀。一名小提琴演奏者或一位雕刻师的活动是多么的精致、敏捷、果敢和富于变化啊!他们表达每一种情绪上的变化和每一观念的转变,是多么准确无误啊!机制是不可缺少的。如果每一行为不得不在此刻被有意识地寻求并被有目的地实施,那么,这种执行就是痛苦的,而且其所导致的结果就是笨拙和不确定的。尽管如此,对艺术家与纯粹的技师的区分是毫无错误的。艺术家是一位杰出的技师。技术或机制与思想和情感融为一体。"机械的"实施者允许机制去指令这一行为的实施。说后者展示出习惯而前者却没有展示出习惯,是非常荒唐的。我们所面对的是两种习惯,即理智性习惯与常规性习惯。所有生命都有它的冲动,但除非僵化的习惯流行,生命才会偏向纯粹冲动的路上去。

然而,当前关于心灵与身体、思想与行动的二元论观点是如此根深蒂固,以至于我们被教导(据说科学也支持这种学说),艺术家的艺术与习惯是通过先前机械性的重复性练习而获得的;在这种重复性的练习中,离开思想的技巧就是目的,直到这种无生命的机制突然神奇地被情操和想象力所占有,并成为心灵的一种灵活工具为止。这一事实,即这一科学事实就是,即使在艺术家为了技巧而做的练习和实践中,他也运用了他早已具有的一种技艺。他之所以获得更多的技巧,因为对他来说,技巧的实践远远比为了技巧而实践更重要。否则,自然天赋就不会有任何价值,而足够的机械练习就会使任何一个人在任何领域里都成为专家。一种灵活而敏感的习惯,通过实践与运用会变得更加多样化和更具适应性。我们还没有完全理解一方面在机械性常规以及另一方面在艺术的技巧中所涉及的生理因素,但我们的确知道,后者像前者一样,也是习惯。无论就厨师、音乐家、木匠、市民还是政治家而言,理智性习惯或艺术性习惯都是值得欲求之物,而常规则是不值得欲求之物——或者,至少除一种立场外,根据所有的立场来看,它都既是值得欲求的,又是不值得欲求的。

那些希望垄断社会权力的人发现,习惯与思想、行动与灵魂的分裂是值得欲求的,而且这种分裂在历史上是如此独特。因为这种二元论能够使他们进行思考和计划,而其他人则是顺从的、尽管可能是笨拙的实施工具。在这一体制被改变以前,民主在现实中必定会被扭曲。由于我们目前的教育系统——这意味着某种比学校教育更宽泛之物——民主为模仿提供机会而不是为行动中的思想提供机会。如果可见的结果是混乱无序而不是有序的习惯训练,那是因为它造成了如此之多的模仿模型,而且这些模型彼此之间倾向于互相抵消,以至于个体既不能获得统一训练的好处,也不能获得理智适应的好处。据此,认为思维本身是一种分裂习惯的理智主义者就会推断出,这种选择是在含混杂乱与官僚政治之间作出的。他更倾向于选择后者,尽管是以某种其他名义,通常是以有才智的贵族政治的名义,也可能是以无阶级专政的名义来进行的。

人们已经反复说明,当前哲学上关于心灵与身体、精神与纯粹的外部行动之间的二元论观点,最终只不过是对常规性习惯与思想、手段与目的、实践与理论的社会分裂的一种理智上的反映。人们几乎不知道是应该赞美柏格森(Bergson)通过专门技术的历史累积而深入了解这个本质事实所运用的聪明才智,还是应该叹息他在引入分裂时所使用的艺术技巧,以及他在努力确立其必然不变的本性时所运用的形而上学之玄妙,因为后者倾向于在二元论的所有讨厌之处肯定和认可二元论。把精神和生命与物质和身体的关系视为在实际上是超出习惯而同时在其后面留下常规性习惯的轨迹这样一种力量,最后将确实证明它暗示着承认精神与习惯连续统一的必要性,而不是认可二者之间的分裂。当柏格森运用这种蕴含的逻辑明确承认,在此基础上具体的理智与那些综合和处理客体的习惯相关联;而且承认,除了一个盲目向前的推动或原动力之外,没有给精神和纯粹的思想留下什么东西,最终的结论就是确实需要更改灵魂和习惯相分裂这一根本性的前提。一种盲目的创造性力量就像它可能被证明是创造性的一样,也可能被证明是破坏性的;生命冲动也许以战争为乐而不以文明的劳作技艺为乐,而且,一种正在被夸耀的神秘直觉也许成为体现在风俗与制度中的复杂的理智工作的可怜的替代品,而这种理智工作是通过灵活的、连续的、重新组织的发明方法来进行创造的。因为柏格森归于生命冲动的那些被高度赞扬的性质,并不是从它的本性而是从对浪漫主义的乐观主义之回忆中产生出来的,这种乐观主义只不过是对现实采取悲观主义态度的反面而已。如果一种精神生命仅仅是一种与思想(据说,这种思想被限于为个人的益处而机械性地操纵物质客体)相分离的盲目冲动,那它很可能具有魔鬼的属性,尽管它因为具有上帝之名而变得高贵。

CUSTOM AND MORALITY

第五章 风俗与道德

从实践目的来看，道德意味着风俗、社会习俗和已经确立起来的集体习惯。尽管道德理论家一般错误地认为，他自己所处的地点和时代是或应当是一个例外，这在人类学家看来则是一种老生常谈。风俗总是并且处处为个人的活动提供标准，是个体活动必定把它自身融入其中的模式。这一点在今天，就像在过去一样真实。然而，由于目前风俗的灵活性和混杂性，个体现在获得了变化巨大的风俗—模式，而且他能够运用个人的创造力去选择和重新安置这些模式的要素。简言之，如果他愿意，他就能聪明地使风俗适应环境条件，从而重新塑造风俗。无论如何，风俗构成了道德标准。因为风俗积极地要求具有某些行动方式，每一习惯都引起了一种下意识的期望。它形成了一种确定的视角。心理学家们一直在联想观念的标题之下所努力探讨的内容几乎与这种观念没有任何关系，但却与习惯对回忆和知觉的影响有着千丝万缕的联系。当一种习惯，即一种常规性习惯，由于受到干扰而产生不安时，它就会提出抗议而支持恢复，并且觉得需要某种赎罪的行为，否则，它就会在偶然的怀旧中停止运行。坚持其自身的连续性，就是常规的本质。违背常规就是偏离正道。偏离常规就是越轨。

形而上学一直说的存在保存其本质的努力，神话心理学一直说的自我保存的特殊本能，这一切都是习惯自我肯定的幌子。习惯是以某些渠道而被组织起来的能量。当它受到干扰时，就会作为怨恨、作为一种报复性的力量而增强。说习惯将被服从，说风俗创造法律，以及说法则是一切的主宰，说到底，只不过是说习惯就是习惯。情绪是一种由习惯的冲突或失败所导致的焦虑，而反思大致说来就是被干扰的习惯重新调整其自身的痛苦努力。韦斯特玛克(Westermarck)在对各种事实的大量收集中,表明风俗与道德①之间的关联性,但他仍然受到当前主观心理学的影响,以至于说错了他的思想材料中的要点,这是非常遗憾的。因为尽管他认识到风俗所具有的客观性,但仍然把有同情心的怨恨和赞许看作是引起行为的独特内在情感或意识状态。在他渴望取代道德的虚假的理性根源之时,他又设置了一个同样虚假的情绪基础。事实上,不但理性而且情感都产生于行动之中。违背风俗或习惯是有同情心的怨恨产生之根源,而公开的赞许就是不再忠实于在例外的环境下所遵守的风俗。

那些认识到风俗在低等社会形式中的地位的人们,通常把它在文明社会中的出现看作只不过是一种苟延残喘。或者他们像萨姆纳(Sumner)一样,认为意识到风俗的持久性地位就等于否定道德的所有理性和原则;就等于宣布在生活中存在着盲目和任性的力量。事实上,这种观点已经被探讨过了。它忽略了如下事实:真正的对立不是理性与习惯之间的对立,而是常规,即无理智的习惯与理智的习惯或技艺之间的对立。即使是野蛮人的风俗,也具有合理性,因为它适应了社会的需要与应用。经验可以把对它的有意识的认知附加到这种适应性中,于是风俗的合理性就被附加到先前的风俗之中。

外在的合理性或对目的的适应性先于心灵的合理性。这不过是说不仅在物理学中,而且在道德之中,事物也必定是在我们感知它们之前就已经存在于那里,而且不过是说心灵中的理性不是一种原初的天赋能力,而是同客观适应性和关系性相互交织的

---

① 《道德观念的起源与发展》。

产物——这种观点在同类相知思想的影响下,已经被曲解为柏拉图式的观念论(idealism)或其他客观的观念论。然而,理性作为对行为适应于有价值的结果之观察,不仅仅是对先在事实的无用反映。它是一个附加的事件,并有它自己的运行方式。它设置了更高级的情绪评价方式,并且为先前盲目的忠诚提供了一种新的动机。它引起了一种批评的、探究的态度,而且使人们对野蛮与奢侈的风俗十分敏感。简言之,它成为一种期望与展望的风俗,并成为一种对其他风俗的合理性的积极需求。反思的倾向不是自己形成的,也不是诸神的馈赠。它是在某种例外的环境下从社会风俗中产生出来的,正如我们在希腊人的事例中所看到的。但是,自它产生以后,就确立了一种新的风俗,而这种风俗能够对其他风俗产生最具革命性的影响。

因此,如果不是在道德实践中,就是在道德理论中,个人的理性或理智变得越来越重要。当前的各种风俗彼此之间相互冲突,它们之中的许多是不公正的;而且如果没有被批评,它们就都不适于指导生活,所有这些都是雅典的苏格拉底开始建立有意识的道德理论所发现的。然而,不久就出现了一个进退两难的困境,它成了柏拉图伦理著作中的重负。个人的思想如何达到对所有人来说都是有效的标准?用现代语言来说,个人的思想如何达到客观的标准?柏拉图所找到的解决办法是:理性本身就是客观的、普遍的、无限的,并使个体的灵魂成为它的载体。然而,这一结果只不过是用一种形而上的或先验的伦理学代替了风俗的伦理学。如果柏拉图能够看到反思与批评表达出了各种风俗的冲突,并且能够看到它们的主旨和任务就是重新组织与重新调整风俗,那么,后来道德理论发展的路线就可能会完全不同。风俗就会提供所必需的客观而重大的稳定力量,并且,个人的理性或反思性的理智就会被看作是在重新塑造风俗时进行实验性首创和创造性发明所必需的工具。

我们还有另外一个困难需要去面对:一场更大的波浪上涨以至于淹没了我们。据说,道德标准源于社会风俗清除了后者的所有权威性。据说,道德暗示着事实从属于理想化的思考,而现在所提出的这种观点使道德从属于纯粹的事实,就等于剥夺了道德的尊严和裁判权。这一反驳的背后有着道德理论家们的风俗力量的影响;因此,否定风俗本身就是借助于它所攻击的观念来完成的。这种批评依赖于一种虚假的分离。事实上,它争辩说,要么理想化的标准先于各种风俗,并赋予它们以道德属性;要么因为后于各种风俗,并从它们进化而来,理想化的标准只不过是偶然产生的副产品。但是,这一事实与语言的关系如何呢?人们没有意指语言;当他们开始谈话时,他们没有有意识地考虑社会客体,也没有考虑在他们之前的各种语法原则与语音原则,而这些原则是用以规范他们交流的尝试。这些事情都来自于事实,并因其而产生。语言产生于婴儿无理智的咿呀学语,产生于被称为手势的本能动作以及环境的压力。尽管如此,语言一旦出现,它就成为语言,并作为语言而起作用。它的作用不是使产生它的各种力量永恒,而是修正和更改它们。它具有如此超凡的重要性,以至于人们煞费苦心地去运用它。文学作品产生了,接着产生出大量语法、修辞、辞典、文学批评、评论、散文,以及即席而作的衍生作品。教育,即学校教育,变得十分必要;因为读书、写字成为一个目的。简言之,语言一旦产生出来,它就满足了旧有的需要,并开启了新的可能性。它创造了产生出实际结果的需求,而这一结果不限于演讲与文学作品,还扩展到公共生活里的交流、商谈和指导之中。

就语言机制所说的这些东西,对于每一机制都是有效的。家庭生活、财产、立法形式、教会和学校、艺术与科学院所不是为服务于有意识的目的而发起的,其产生也不是由有意识的理性和公正原则所支配的。然而,每一种制度随着自身的发展,已经引起了各种需求、期望、规则和标准。这些不仅仅是产生它们的各种力量的装饰物,也不是舞台上无用的装饰品。它们是附加的力量,它们重建这种制度,它们打开了新的尝试途径,并强加了新的劳作。简言之,它们是文明、文化和道德。

这个问题又重新出现了:以这种方式产生的各种标准和观念有什么样的权威性呢?它们对我们有什么样的要求呢?从某种意义上说,这一问题是无法回答的。然而,在同样的意义上,不管把何种起源与根基归因于道德义务和忠诚,这个问题仍然是无法回答的。即使我们承认形而上的和先验的理想实在是道德标准的根源,那我们为什么要关注它们呢?如果我喜欢做别的事情,那我为什么还要做出这一行为呢?如果我们愿意如此的话,任何道德问题也许都可以把自身还原为这一问题。但是,从经验的意义上看,这个问题的答案十分简单。这种权威性就是生活的权威性。为什么运用语言、培育文学写作、掌握与发展科学、支持工业以及接受高尚的艺术呢?提出这些问题就等于在问:为什么活着?唯一的回答就是:如果人们要生活,那他们就必须过一种由上述这些事物作为组成内容的生活。唯一可以问的有意义的问题就是:我们如何去运用这些事物以及如何被它们所运用,而不是我们是否运用它们。理性、道德原则无论如何不能被推到这些事物的背后,因为理性和道德源自于它们。但是,理性和道德原则不但源自于它们,而且也已经融入它们之中。它们是作为其组成部分而存在于那里的。没有人能够逃避它们,即便他想如此的话。他不能逃避如何介入生活这一难题,因为无论如何,他都不得不以某种方式或其他方式从事生活——否则,就会停止存在或不存在了。简言之,这种选择不是在外在于风俗的道德权威与内在于风俗的道德权威之间作出的,而是在采取更为明智和更为有意义的风俗与采取不太明智和不太有意义的风俗之间作出的。

非常奇怪的是,拒绝承认风俗与道德标准之间关联性的主要实际结果是神化了某种特殊的风俗,并把其视为永恒不变的,以及不需要被批评和修正的。在社会快速变化的时代中,这种后果是十分有害的。因为这会导致各种有名无实的标准与各种实际习惯之间的分裂,这些有名无实的标准恰恰在理论上得意洋洋的精确比率中变得无效和虚伪,而实际的习惯则必须注意到现存的条件。这种分裂滋生出无序。然而,反常与混乱实际上是不可容忍的,而且会影响某种或其他种类的新规则的产生。只有诸如瘟疫和饥饿所导致的这种生活和安全之物质基础的完全紊乱,才能把社会抛入完全的无序之中。理智的转变丝毫也不会严重地扰乱风俗或道德的主要趋向。因此,在社会变动时期试图保持旧有的标准不变所产生的较大危险就不是一般性的道德松懈。相反,它是社会冲突,是各种道德标准和道德目的之间不可调和的矛盾,是阶级斗争最为严重的形式。

因为彼此分离开来的各个阶级培养了它们自己的风俗,也就是说,培养了它们自己所推行的道德。只要社会大体上不变,这些不同的原则和主要的目的就不会发生冲突。它们并列存在于不同的阶层里。这一边是权力、荣耀、名誉、庄严和互信,那一边则是勤奋、服从、节制、谦卑和敬畏,即贵族的美德与平民的美德。这一边是精力、勇气、能力和进取,那一边则是服从、忍耐、魅力和个人的忠诚,即男性的美德和女性的美德。但是,变动性侵袭着社会。战争、商业、旅行、交通、与其他阶级的思想和欲望的联系、在生产工业中的新发明都会扰乱风俗的既定分布状态。被凝固的习惯开始解体,而一股洪流把曾经被分离开来的事物混合在一起。

每一个阶级都坚定地确保自己目的的正当性,因此,它们对达到这些目的的手段都不太审慎。这一方宣布秩序第一——即有利于自身利益的某种旧有的秩序第一;另一方则宣布它的自由权,并把正义等同于它的隐蔽性主张。它们之间没有共同的基础,没有道德上的理解,没有对所诉诸的方法之标准达成一致。今天,这种冲突发生在有产阶级和那些依赖于计日工资的阶级之间,发生在男人和女人之间,发生在老年人和青年人之间。每一方都求助于它自己的权利标准,并都认为另一方是具有个人欲望、怪念头或顽固性的生物。变动性同样也已经影响到了各种不同的民族。各个民族与种族彼此相互对立,每一方都具有自己永恒不变的标准。在以前的历史中,从未有过如此多的接触与混合,从未有过这么多导致冲突的机会,而这些机会是非常有意义的,因为每一方都觉得它被道德原则所支持。与过去之物相关的风俗以及指向未来的情绪各自走上独立的道路,每一方都把它的对方看作是对道德原则的故意背叛,看作是对自我利益或最高强权的一种表达。作为唯一可能的调和者的理智,却居住在遥远的抽象国度里,或者跟随在事件之后来记录已经完成的事实而姗姗来迟。

第六章 习惯与社会心理学

HABIT AND SOCIAL PSYCHOLOGY

前面的讨论一直在尽力表明,何以这种关于习惯的心理学是一种客观的、社会的心理学。既定的、有规则的行动必定包含着一种对周围各种环境条件的调整,必定把它们综合到其自身之中。对于人类来说,直接重要的周围事务,就是其他人的活动所形成的那些事务。这一事实被幼儿期的事实——每一个人在生命开始之初都完全依赖于其他人——所显明而成为根本性的事实。相应地,最终结果是与传统理论相反,在行为和心理上能被称为独特个体之物并非原始材料。毫无疑问,物理的或生理的个体性总是带有反应活动的色彩,因此它修改了风俗在其个人繁殖时所采取的形式。这种属性在精力充沛的人物身上表现出来。但是,重要的是注意到,这是习惯的一种属性;它不是独立于环境调整而存在的一种要素或力量,并且不能被称作单独的个体心灵。然而,正统的心理学正是从一开始就假定这种独立的心灵存在。不管各个思想学派在定义心灵时有多么的不同,它们都同意以这种分离性和先在性为前提。所以,努力按照旧的心理学特有的方式来揭示这一事实,就会给社会心理学带来混乱,因为其独特之处就在于暗示着对那种旧的心理学的拒斥。

认为有最初的、单独的灵魂、心灵或意识的传统心理学,事实上是一种对割裂人性与其自然的客观关系的状况之反映。它首先意味着人与自然的分裂,其次意味着每个人和他的伙伴的分裂。人与自然的分裂,在心灵与身体的分裂中被准确地彰显出来——因为身体很明显是与自然相关联的部分。因此,行动的这种工具、连续修正行动的这种手段,以及不断把过去的活动转变为新活动的这种手段,都被看作是一种神秘的入侵者,或者被看作是一种与之平行的神秘伴随物。可以公正地说,认为有单独的和独立的意识存在的这种心理学,以从理智上阐明下述道德事实为开端;这些道德事实把最重要的行动视为一种私人的关切,视为在纯粹为个人所拥有的性格之中被规定和决定之物。想使理想成为一个单独王国的宗教兴趣与形而上学兴趣,最终同对加强当前心理学中之个人主义的时下风俗与制度的一种实际反抗恰好一致。但是,这种(以科学的名义所提出的)表述反过来肯定了它所产生的环境状况,并把它从一个历史插曲转变为根本性的真理。它对个体性的夸张,大体上是对制度僵化所导致的压力的补偿性反叛。

任何深受当前心理学理论影响的道德理论,都必定强调意识的各种状态,以及一种内在的、秘密的生命,而这是以具有公共意义、综合并需要各种社会关系的行为为代价的。相反,一种以各种习惯(和各种本能,只要遵照它们来行动,它们就会成为习惯中的要素)为基础的心理学,将专门关注习惯形成和起作用所依赖的客观环境状况。反对传统与正统心理学的现代临床心理学的兴起,是伦理意义的一种征候。它作为一种对理解和探讨具体人性的工具,是对关于有意识的感觉、影像和观念的心理学之无效所进行的抗议。它坚持认为,下意识的力量不仅在决定公开的行为上,而且在决定欲望、判断、信念和理想上是非常重要的,而这表现出对现实的一种感知。

然而,每一种反应和抗议活动通常都接受它所反对的立场中的一些基本观念。因此,在与心理分析的创立者相关联的临床心理学的各种最盛行的形式中,都保留着一个单独的心灵王国或力量的观念。它们接着又附加一种表明最重要的事实的陈述,这等于实际上承认心灵依赖于习惯,而习惯又依赖于社会状况。这是关于"下意识"的存在和起作用的陈述，是关于因与其他人相接触和相冲突所导致的情结的陈述，是关于社会稽查作用的陈述。但是，它们仍然倾向于有单独的心灵王国存在的思想观念，因而实际上谈论的是下意识的意识。它们使它们的真理在理论上与这种关于最初个体意识的错误心理学相混合，这就像社会心理学家这一学派所做的那样。它们对社会心理学中的，比如神秘的集体心理、意识和上帝做了精细的、人为的解释，原因就是没有以习惯和风俗这些事实为开端。

那么，个别的心灵或作为个体的心灵意味着什么呢？事实上，我们已经对此作出了回答。各种习惯之间的冲突释放出了冲动性的活动，而这些活动在它们的表现中要求更改习惯、风俗和习俗。起初具有个体化色彩或性质的习惯性活动被抽象化，成为一种目标是按照某种被当下情形所否定的欲望来重建风俗的活动的核心，而这种欲望因此被认为是属于某人自我的，被认为是一个个体部分地、暂时地反对他的环境的标志和所有物。这些一般性的、必定是模糊的陈述，将在对冲动和理智的深入讨论中变得更加明确。因为，当冲动宣称它自己故意反抗一种现存的风俗时，它就是个体性心灵的开端。这种开端在试图改变环境的观察、判断和发明中被发展并巩固，以至于一种变异的、不合规则的冲动本身反过来也许会具体化为客观习惯。

Schools of To-Morrow
School and Society
Human Nature and Conduct
Democracy and Education
Reconstruction in Philosophy
Psychology
The Quest for Certainty
The Public and its Problems
Art as Experience
Ethics
How We Think
Experience and Nature

第二部分 冲动在行为中的地位

THE PLACE OF IMPULSE IN CONDUCT

第七章 冲动与习惯的改变

IMPULSES AND CHANGE OF HABITS

习惯作为有组织的活动，是第二性的和后天获得的，而不是最初的和天生就有的。它们是非习得性的活动之产物，而这种活动是人与生俱来的天赋中的一部分。因此，在我们讨论中所遵循的主题顺序也许会受到质疑。为什么在行为中是派生的因而从某种意义来说是人为的东西，却应当先于初始的、自然的和必然的东西而被讨论呢？我们为什么不从考察获得习惯所依据的那些本能活动开始呢？

　　这个疑问是十分自然的质疑，然而它却容易引出一种悖论。在行为之中，后天获得之物是初始的。尽管各种冲动从时间上来说是在先的，但事实上，它们决不是首要的，而是第二性的和附属的。这一陈述中，表面上的悖论掩盖了一个众所周知的事实。在个体的生命中，本能活动是先出现的。但是，一个个体是作为婴儿来开始其生命的，而婴儿都是具有依赖性的存在。如果没有那些已经形成习惯的成人给予帮助，那么，婴儿的活动最多只能持续数小时。而且，婴儿依赖于成人的，不仅仅是养育之恩，不仅仅是维持生命所需要的食物和保护的不断供给，而且是有机会以有意义的方式来表达他们的天生活动。尽管由于某种奇迹的作用，最初的活动在没有成人有组织性的技能帮助下也能继续下去，但这并不能说明任何道理。也许，这只不过是大吵大闹罢了。

　　简言之，天生活动的意义不是天生的；而是后天获得的。它依赖于其与成熟的社会媒介（medium）之间的相互作用。就虎或鹰而言，愤怒（anger）也许会被等同于一种有用的生命活动，具有攻击和防御的作用。对一个人来说，愤怒就像泥潭上刮过的一阵风那样毫无意义，除非其他人出现来指引它的方向，除非他们对它作出各种反应。愤怒是一种身体的痉挛，是一种浪费能量的盲

第七章　冲动与习惯的改变

目而散乱的爆发。当它成为一种潜伏着的忧郁、一种令人烦恼的中断、一种乖张的愤怒(irritation)、一种凶残的报复、一种强烈的愤慨时,它就获得了性质和意义。尽管这些有意义的现象源自于对各种刺激最初的、天生的反应,但它们也依赖于其他人的反应行为。这些现象以及所有类似的人类愤怒的表现都不是纯粹的冲动;它们是在与其他人相关性的影响之下形成的习惯,而这些其他人早就已经具有各种各样的习惯,并且在把盲目的身体宣泄转变为有意义的愤怒中显示出他们的习惯。

在长期为了感觉之故而忽视冲动之后,近代心理学现在倾向于以详细列举和描述各种本能活动为开端。这是一种毋庸置疑的进步。但是,当它试图通过直接参照这些天生的力量来解释个人和社会生活中的复杂事件时,这种解释就变得令人困惑和十分牵强。这就如同说,跳蚤和大象、地衣和红杉树、胆小的兔子和凶猛的狼、长有最不引人注目的花簇的植物与长着最耀眼的花簇的植物同样都是自然选择的产物。也许从一定意义上来说,这种说法是正确的;但是,除非我们知道选择发生时所处的特定环境状况,否则,我们实际上对此一无所知。因此,在我们能够探讨社会的心理要素之前,需要了解已经把最初的活动培育为确定而有意义的倾向所需要的社会条件状况。这是社会心理学的真正意义。

在地球上的某一地方、某一时间,每一种实践似乎都曾经被人们容忍过,甚至还被赞扬过。如何解释这种制度上(包括道德规则在内)的巨大多样性呢?实际上,天生的一类本能到处都是一样的。尽管我们愿意夸大巴塔哥尼亚人(Patagonians)与希腊人、苏人(Sioux Indians)与印度人、布须曼人与中国人之间天生的差别,但他们之间最初的差别将无法与在风俗和文化中发现的差别相提并论。既然这样一种多样性不能被归因于最初的同一性,那么,天生冲动的发展就必须根据后天获得的习惯来进行陈述,而风俗的发展则不能按照本能来进行陈述。秘鲁大批人的牺牲和圣法兰西斯(St. Francis)的仁慈、海盗们的残忍和霍华德(Howard)的博爱、自焚殉夫的实践和圣母玛丽亚的崇拜仪式、科曼切人(Comanches)的战争与和平之舞和英国的议会制度、南太平洋诸岛的共产主义和美国北方领主的节俭、巫医的咒语与化学家在实验室中所做的实验、中国人的不抵抗和普鲁士帝国侵略性的军国主义,以及君权神授的君主政体和民治政府,通过这种随意列举所暗示出来的习惯之无限多样性,实际上源自于同样数量的天生本能。

如果我们能够挑选出那些我们喜欢的制度,并把它们归因于人性,而把其余的制度归因于某一魔鬼,那将是令人十分愉快的;或者把那些我们喜欢的制度归因于我们这种人的人性,而把那些我们不喜欢的制度归因于被蔑视的外国人的本性,因为他们根本不是真正"土生土长的"(native)。如果我们能够指向某些风俗,并认为它们纯粹是某些本能的产物,而其他那些社会安排方式则完全归因于其他冲动,这似乎将是十分简单的。但是,这样的方法是不可行的。最初的恐惧、愤怒、爱和恨都是相同的,却纷纷不可救药地陷入最相反的制度之中。我们需要知道的是,天生的原料如何通过与不同环境之间的相互作用而被修改。

然而,不用说,最初而非习得的活动有其独特的地位,而且在行为中占有一个重要的地位。冲动是重新组织各种活动的枢纽,它赋予旧习惯以新的方向,并改变了它们的性质,因而是偏离常规的力量。因此,每当我们想理解社会变迁与流动或者关心个人的和集体的改革计划时,我们的研究就必须去分析各种天生的趋向。确实,对进步与改革的兴趣解释了当前对原始人性的科学兴趣得到巨大发展的原因。如果我们探究一下人们为什么长期对人类各种强有力的本能的存在视而不见,那么,答案似乎在缺少有序进步的观念中就可以找到。心理学家们关于他们是否应该在天赋观念和空洞的、消极的、像蜡块一样的心灵之间作出选择的争论,很快就变得令人难以置信。这好像只要对儿童一瞥,就已经揭示出这两种学说都不是真的,因为特定的天生活动的汹涌澎湃是如此之明显。但是,这种对事实的迟钝性反应成了对探讨冲动缺乏兴趣的证明,而这种兴趣的缺乏又是由于对修改现存制度缺乏兴趣所致。当人们开始对废弃旧的制度感兴趣时,就开始对野蛮人和婴儿的心理学感兴趣,这绝非偶然。

传统个体主义和近来对进步的兴趣之结合,解释了对各种本能的力量和范围的发现为什么导致许多心理学家把它们看作是所有行为的源头,并认为它们的地位是在各种习惯之先而不是之后。心理学的正宗传统,建立在个体与其周围环境相分离的基础之上。灵魂、心理或意识被认为是自足的和自我封闭的。现在,在一个个体的生涯之中,如果它本身被看作是完善的,那么,很明显,本能就是先于各种习惯而存在的。如果对这种个体主义式的观点加以概括,我们就会假定,在个体生命中的所有风俗、所有重要的经历都可以直接追溯到本能的作用。

但是,如我们已经注意到的,如果一个个体是以这种方式而独立的,那我们除了发现本能的首要性这一事实外,还发现死亡这一事实。一个婴儿所具有的不成熟的、分散的冲动,除非通过社会的附属与伴随,否则就不能协调而成为有用的力量。他的各种冲动，只不过是吸收他所依靠的更加成熟的人所具有的知识和技能的起点。它们是伸出去的触角，从风俗中收集所需的营养，最终使这个婴儿能够独立地去行动。它们是把现存的社会力量转变为个人能力的媒介；它们是重构式生长发展的手段。在抛弃一种不可能的个体主义式心理学之后，我们就会得出如下事实：天生的活动是重新组织和重新调整的工具。母鸡先于鸡蛋而存在。尽管如此，但这个特定的鸡蛋也许可以被认为能够修正未来母鸡的类型。

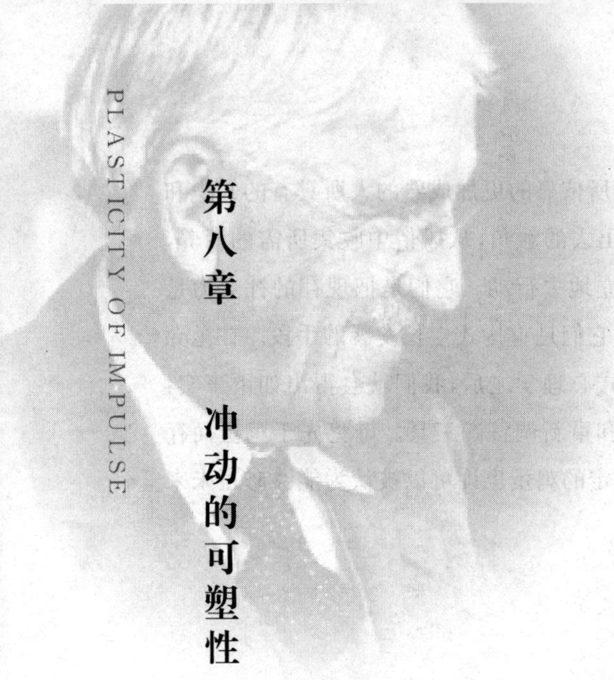

第八章 冲动的可塑性

PLASTICITY OF IMPULSE

就年轻人而言,各种冲动很明显是非常灵活的活动之起点,这些活动根据它们被运用的方式而多样化。任何冲动根据它与周围环境的相互作用,几乎都可以被融入任何倾向之中。恐惧可以变成可鄙的怯懦、三思而后行的谨慎、对长者的敬畏或对同辈的尊重,可以成为轻易相信的荒唐迷信或具有警惕性的怀疑主义之推动力量。一个人也许主要是害怕他祖先的亡灵,害怕官员,害怕引起同伴的反对,害怕被欺骗,害怕新鲜的空气,实际的后果取决于恐惧这一冲动与其他各种冲动是如何交织在一起的。这一点,又取决于社会环境所提供的发泄与抑制之途径。

因此,从一种确定的意义来看,人类社会总是不断重新开始的。它总是处于更新过程之中,而且只是由于更新之故才得以持续存在着。我们把南欧各民族都说成是拉丁民族;他们现存的各种语言彼此之间非常不同,而且与拉丁语母语也非常不同。然而,这种言语的改变没有任何时候是有意的或明确的。人们总是打算复制从他们的长辈那里听来的言语,并且认为他们正在继承这种言语。这一事实也许是作为一种在习惯中所完成的重构之象征而存在的。之所以如此,是因为只有通过年轻人不成熟的活动这一媒介,或通过与拥有各种不同习惯的人之间的关联,这些习惯才能够被传递并且被保存下来。

这种连续的改变,在很大程度上,一直是无意识的和非故意的。不成熟的、未充分发育的活动已经通过偶然的和暗中进行的方式成功地修改了成人有组织的活动。但是,随着进步主义改良观念的出现,以及一种对各种冲动的新式运用的兴趣,某种意识已经成熟到这种程度,以至于通过慎重地对待年轻人的各种冲动,也许可以创造一个被改变了目的和欲望的未来新社会。这就是教育的意义;因为一种真正人道的教育就在于按照社会情形所提供的可能性与必然性理智地对天生活动进行引导。但是,大体而言,成人已经给予的是训练而不是教育。在成人思想与情感习惯的固定模式背后,一直渴望着一种急切的、不成熟的冲动性活动的机制。热爱力量、面对新事物的胆怯以及自我钦佩式的自满所共同造成的影响是如此强烈,以至于不允许未成熟的冲动去运用它的各种重新组织的潜能。较为年轻的一代人几乎很难直接敲开成人风俗的大门,更别说被鼓励通过良好的教育去纠正成人习惯中已经确立起来的野蛮和不公正了。所有新一代的人都已经盲目地和偷偷摸摸地爬过了这种碰巧是悬而未决的偶然性鸿沟。否则,它就一直是按照旧有的模式而被塑造。

我们已经注意到最初的可塑性是如何被歪曲的,温顺是如何被卑鄙地利用的。它一直被用来意指的,不是宽泛而不受限制的学习能力,而是学习成人同伴的风俗的意愿,学习有权力和权威的人希望教的那些特殊事物的能力。最初的可改造性一直没有被给予一个公平的机会,来作为一个人类更好生活的受托人(trustee)而行动。它一直承载着被成人的有用性所影响的习俗。实际上,它已经被变成不承认独创性的对等物,变成一种易受影响的、体现其他人意见的调和之物。

因此,温顺已经被等同于模仿,而不是等同于重塑旧有习惯和重新创造的力量。可塑性与独创性一直处于彼此对立之中。可塑性中最宝贵的部分就是形成独立判断和实施创造的习惯的能力,而这点一直受到忽视。因为,它需要一种更完全、更强烈的温顺,以形成灵活的、易重新调节的习惯,而不是要求获得严格模仿其他人方式的那些习惯。简言之,在年轻人的天生活动中,有一些活动倾向于调和、吸收和复制，其他一些活动则倾向于探险、发现和创造。但是，成人风俗一直被强调是保存和强化遵从趋向，而反对那些有助于变异和独立自主的趋向之风俗。正在成长中的个人所具有的各种习惯，由于受到猜疑而被限制在成人风俗的界限之内。儿童身上令人愉快的独创性被驯服了。对制度和名人本身的崇拜因缺乏富有想象力的预见、多方面的观察和丰富的思想而被强化了。

　　在个体生命中非常早的时期，各种心理定势无需专门的思想就已经形成；这些心理定势持续存在着，并控制着成熟的心理。儿童学会了避免令人不愉快的不一致所产生的打击，学会了从容的解决办法，学会了表面上遵守对他来说是完全神秘的风俗，以达到随心所欲的目的——即显示出某种自然的冲动，而又不引起令那些权威们不快的注意。成人不信任儿童所拥有的理智，却要求他完成一种需要更高级的理智才能完成的行为，如果它将是完全可理解的话。这种矛盾是通过向儿童逐渐灌输各种"道德"习惯来协调的，这些道德习惯具有最大化的情绪热诚，以及对最小化理解力的坚定掌握。这些习性在思想觉醒之前，甚至在后来能够被回忆起来的经验之前，就已经根深蒂固并控制着后来才有意识的思想。它们通常是处于最深处的，在最需要批判性思想之处——在道德、宗教和政治学中——是最难获得的。这些"幼稚行为"解释了在其他方面具有理性旨趣的人们当中为何大量流行无理性。这些个人的"残留物"，是文化的研究者所称之为残存物的理由。但不幸的是，这些残存物比人类学家和历史学家所愿意承认的更多、更普遍。列举它们或许会把人们从"值得尊敬的"社会中驱赶出去。

然而,我们绝没有完全放弃这种想法,即认为在儿童时期和青年时期未成形的活动中到处都存在着对个体和共同体来说使生活更美好的可能性。这种模糊的感知,是我们长期把儿童时期理想化的根基。因为尽管它完全没有节制和不确定、热情洋溢和默不作声,但它仍然是一种生命的坚实证明;在这种生命里,生长成熟是正常的而不是反常的,活动是一种愉快而不是一个任务;而且,在这种生活中,习惯的形成是力量的扩展而不是缩减。习惯与冲动彼此之间也许相互冲突,但这是成人习惯与年轻人冲动之间的一种搏斗,而不是像在成人那里出现的一种使人格分裂的内部冲突。我们通常衡量儿童"善性"的方法就是看他们给成年人制造麻烦的数量,这当然也意味着他们偏离成人习惯与期望的数量。然而,通过抵罪的方式,我们嫉妒儿童们对新经验的热爱,嫉妒他们热衷于从每一情形中推断出最后一点意义,嫉妒他们非常严肃地对待那些对我们而言是非常陈旧的事物。

　　我们通过想象一个未来天国,在其中,我们将对生命中的每一微小的事件作出新奇和丰富的反应,以此来弥补我们现在已形成的习惯所带来的严肃性和单调性。由于我们态度的分裂,导致我们的理想自相矛盾。一方面,我们梦想着一种可被达到的完满,即一个终极的静态目标,在那里,一切努力都将停止,欲望与执行将一劳永逸地处于完全平衡的状态之下。我们希望有一种坚定不移的性格,于是就把这种被欲求的忠实看作是某种不变之物,是一种在昨天、今天以及将来永远都完全相同的性格。但是,我们也偷偷摸摸地同情爱默生的勇气,因为他宣称当连续性位于我们和现在的生活机会之间时,它应该被抛到一旁。在重返浪漫自由这一自然梦想的借口之下,我们伸向永恒理想的相反方面,在其中,一切生活都易受冲动,即一种临时自发性和新奇想法的连续根源之影响。我们反对所有的组织和所有的稳定性。如果近代思想和情操在其理想上能够避免分裂,那么,它必定是通过运用被释放的冲动而达到这一目的的;这些被释放的冲动,则是作为坚定不移地重新组织风俗与制度的一种媒介。

尽管儿童时期是通过冲动使更新习惯成为可能的、显而易见的证明,但冲动绝不可能在成人生活中完全停止其更新作用。如果确实如此,生活就会变得僵化,社会就会停滞不前。各种本能的反应有时也过于强烈,以至于不能被融入平稳的习惯模式之中。在日常条件下,它们似乎被驯服而服从它们的主人,即风俗。但是,各种非正常的危机把它们释放出来,它们通过狂野的、强烈的能量表明常规的控制是多么肤浅。文明仅仅是表面现象,在一个文明人的外衣下面仍是一个野蛮人,这一谚语认识到这个事实。在受到不寻常刺激的危急时刻,支配所有活动的各种本能的冲击与情绪的爆发都表明一种僵化习惯所能产生出来的改变是多么的肤浅。

当我们在一般意义上面对这一事实时,我们所面对的就是人类历史中一个不祥的方面。我们意识到,在理智指导下所产生出来的人类进步是多么的少,而偶然的动乱所导致的进步是如此之多,即使是通过为某一特权制度做辩护的利益,后来我们也把偶然变成了天道(providence)。我们已经依赖战争的冲突、革命的压迫、英雄式个人的出现、由战争和饥荒所导致的移民的影响,以及野蛮人的入侵,来改变已建立的制度。我们并不是经常运用从未用过的冲动去影响连续的重建,而是等待着不断累积的压力突然冲破风俗的堤坝。

通常有一种观点认为,犹如年老的人会死,古老的民族一样会如此。在历史上,有许多事实支持这种信念。随着年龄的增长,衰老与退化似乎成了规则。于是,某一野蛮的游牧部落的入侵就提供了新的血液和新鲜的生活——如此以至于历史一直被定义为一种重新野蛮化的过程。事实上,就衰老与死亡而言,在个人与民族之间进行类比是有缺陷的。一个民族总是通过它的年老的成员的死亡,以及那些像出生在本民族鼎盛时期的任何个体一样年轻和富有朝气的人的出生而被更新。不是这个民族衰老了,而是它的风俗变得陈旧了。它的制度变得十分僵化;它有社会动脉硬化症。于是,某个未负担繁琐而呆板的习惯的民族,就开始加入到继续生命运动的过程之中。然而,富有朝气的民族的数量正趋于用尽。依赖于这种更新文明的昂贵方法,是不可靠的。我们需要发现如何从内部使其恢复活力。在冲动被释放、习惯容易受到具有转变力量的冲动之影响时,一种正常的不朽就成为事实。当风俗是灵活易变的,而且,青年人被作为青年人而不是作为未成熟的成年人接受教育时,就没有任何民族会衰老。

总是存在着相当多的不起作用但也许可以被利用的冲动。当突然来临时,它们的显现和运用被称为转变或重生。但是,它们也许会被连续而适度地利用。我们把这称作学习上的增长或教育上的增长。僵化的风俗并不意味着没有这样的冲动,而是意味着它们没有被系统地利用起来。事实上,如果风俗越僵化越无灵活性,那么无法找到正常出口,因而只有等待着找到非常规的、不协调的显现机会的本能活动之数量就越多。常规性习惯绝没有堵住所有的懈怠之处。它们只是在条件状况保持相同或以一致的方式反复出现的情形下才会起作用。它们并不适合不寻常的和新奇的事物。

因此,僵化的道德规范尽力给生活中的每一情形规定出明确的强制令和禁律,但实际上,证明它们是无约束力的和松散的。只要你愿意,通过独创性的解释把十诫延长或变成其他任何数量的戒律,但在它们意料之外的行为仍将发生。描述详尽的成文法不能事先预料各种不同的案例和必要的专门解释。道德体系和法律体系就确定的详细阐述而言是不可能的,于是通过某些内在的松散性来弥补其他方面表现出来的外在严厉性。唯一真正严厉的规范就是放弃所编辑的成典,把审判每一案例的责任抛给相关的执法官们,并把发现和改编的重担强加给他们。

在缺乏指引的本能与过度条理化的风俗之间实际存在的这种关系,在当前关于野人生活的两种观点中得到证实。流行的观点把野人看作是野蛮的人;看作是不知行动的控制原则或规则的人;看作是自由地跟随他自己的冲动、怪念头或欲望的人,无论他何时何地想到或拥有这种想法。但是,人类学家们却持有相反的观念。他们把野人看作是风俗的奴隶,他们注意到控制他的起立、坐下、出去和进来的各种规定所组成的网络。他们得出结论:与文明人相比,野人是一个在行为和观念上由许多不变的部落习俗所支配的奴隶。

关于野人生活的真相就在于这两种观念的结合之中。只要存在着各种风俗,它们就有一种模式,束缚着个人的情操和思想,并达到了不为文明生活所知的程度。但是,由于它们不可能遍及日常生活中所有不断变化的细节,故而凡是未被风俗覆盖之物都不受规定的控制,而将被遗留给意欲和暂时的环境所支配。所以,受风俗的奴役与对冲动的允许并存。严格的遵从与不受限制的狂野彼此之间互相强化。这幅生活图式以一种夸张的形式,向我们表明了当前文明生活中的心理学。每当各种风俗变得坚固并使个体陷入其中之时,在文明之中,野人仍旧存在着。我们可以通过他在僵化的习惯与无约束的纵容之间摇摆不定的程度来认识他。

简而言之,冲动本身带来了可能性,但并不保证稳定地重新组织各种习惯以满足新的情形中的新要素。在儿童和成人中类似的关于冲动与本能的道德难题就是运用它们形成各种新习惯,或者同样地运用它们来更改旧习惯,以至于它在新的条件下也可以非常有用。冲动在行为中的地位是重新调整和重新组织的枢纽,其在习惯中的地位或许可以作如下定义:一方面,它与被控制的、顽固的习惯领域相区别;另一方面,它有别于冲动对其自身来说是一种规律的地带。① 概括一下这些区别,一种有效的道德理论与所有那些建立静态目标(即使它们被称为完满)的理论形成鲜明的对比,而且与那些把原始冲动理想化并在其自发性中发现人类充分自由的模式的理论也形成比照。冲动是获得自由的源泉,是不可或缺的;但是,只有在它被用来赋予习惯以针对性和新颖性时,才能释放出力量。

---

① 把"本能"与"冲动"这两个词在现实中用作等价物,这一做法是有意的,即使这或许会使挑剔的读者们感到悲伤。"本能"这个词单独来看,仍旧承载着太多比较陈旧的观念,即一种本能总是被明确地组织起来和加以改编——大体来说,它不仅仅属于人类。"冲动"这个词暗示着某种初始的,然而是不受约束的、缺乏指导的最初之物。人能取得进步而野兽却不能,就是因为他有如此之多的"本能",以至于它们之间彼此相反,以至于最有用的行动必定是习得的。在学习各种习惯时,对人来说学习(to learn)学习(learning)这一习惯是可能的。于是,改善提高就成为生活中有意识的指导原则。

第九章 改变人性

CHANGING HUMAN NATURE

我们偶然间已经触及一个最深远的难题:人性的可变性。早期的改革者们都追随约翰·洛克(John Locke),倾向于把天生活动的意义最小化,而强调实践和习惯的获得所固有的各种可能性。过去曾经有一种政治倾向,对这种天然性和先天性持否定态度,夸大后天经验的作用。这种倾向保持了一种连续发展和无限改善提高的希望。因此,那些像爱尔维修(Helvétius)这样的作家们,知道最初完全是空洞的和被动的人性具有完全的可塑性,知道宣称教育在塑造人类社会上是全能的这一观点之基础,以及宣告人类的无限可完善性之根基。

对世界保持警惕和具有经验的人们,一直对无限改善的计划持怀疑态度。他们倾向于以一种怀疑的眼光来看待各种关于社会改变的计划。在这些计划中,他们发现了青年人易于幻想的证据,或者那些已经变老之人不能从经验中学到任何东西的证明。这种类型的保守主义者曾经认为,在天生本能的学说中找到了断言人性实际上永远不变的科学支持。环境也许会改变,但人性世世代代都保持着同样的状态。遗传比环境更有力,而且人类的遗传不受人类的意图所影响。对人类各种制度作出巨大改变的努力是乌托邦式的。犹如曾经是这样,将来也是这样。它们改变得越多,就越是保持着相同性。

非常奇怪的是,这两种观点都把它们各自的事实建立于这样一种因素之上;只要对这种因素加以分析,就会削弱其各自结论的可靠性。也就是说,激进的改革家把他那容易快速改变的观点建立在习惯心理学之上,建立在塑造原始本性的各种制度基础之上,而保守主义者则把他的相反论断建立在本能心理学基础之上。事实上,风俗有最大的惰性,它几乎不受变化的影响;而各种本能通过运用是最容易改变的,并且最易受教育的指引。保守主义者从本能心理学那里乞求科学支持,他是一种过时心理学的受害者;这种过时心理学从夸大低等动物本能作用的确定性和固定性那儿,获得了关于本能的观念。他是关于鸟、蜜蜂和海狸的通俗动物学的一个受害者,而这种动物学在很大程度上是为了更伟大地荣耀上帝而被构造出来的。他不知道动物身上的各种本能比所假定的要更加不可靠和不确定,而且也不知道人类与低等动物不同就是由于这个事实,即人类的天生活动缺乏动物的原始能力所具有的复杂而现成的组织结构。

但是,走近路的革命者并没有意识到他们常常谈论的事物,即作为具体化的习惯的制度所具有的全部力量。任何一个知道习惯具有稳定性和力量的人,都将在预言或提出快速而彻底的社会变化上有所犹疑。一次社会革命也许会导致外部的风俗、法律与政治制度产生突然而深刻的改变;但是,在这些制度后面的习惯,以及不管怎样都已经被客观条件所塑造的习惯,即思想与情感的各种习惯,是不容易被更改的。它们持续存在,并且在它们自身中非常缓慢地吸收了外部的各种变革——非常像美国的法官们通过按照习惯法来解释立法而宣布故意改变成文法无效。在人类生活中,滞后的力量是非常巨大的。

实际发生的社会变化,绝不像表面的变化那样巨大。各种关于信念、希望、判断的方式和随之而来的喜好与不喜好的情绪倾向,在它们一旦形成之后,是很难被改变的。各种法律制度与政治制度可以被改变,甚至可以被废除;但是,根据它们的模式而形成的大量通俗思想却仍然持续存在着。这就是为什么关于一个未来的太平盛世社会即将来临的各种生动预言都千篇一律地以失望而告终的原因,这种失望也使冷嘲热讽的保守主义者对彻底变化所持有的长期怀疑的态度受到了支持。思想的习惯比在公开行动中的习惯更难以改变,前者是有生命力的,而后者如果没有前者维持其生命,就不过是肌肉的一些把戏(muscular tricks)而已。因此,即使是巨大的政治革命所产生的道德影响,在发生外在显著变化的几年之后,也通常没有显示出来;而是直到若干年之后,才会显示出来。新的一代必定会登场,他们的心理习惯也是在新的条件下形成的。直到许多有影响的人物去世以后,重要的改革才会产生实际的效果,这一说法是有其重要意义的。普遍而持久的道德变化确实伴随着一种外部的革命,这是因为合适的思想习惯先前已经不知不觉地形成了。外部的变化只不过是记录了去除现存的理智趋向起作用的一个外部的表面障碍而已。

然而,那些认为社会和道德变革不可能的人以人性中固有的罪恶天性永远存在为借口,同样又把实际上只属于后天获得的风俗的持久性和惰性归之于天生的活动。在亚里士多德看来,奴隶制植根于古老的人性。由于性质上存在着天然的差异,以至于一些人在本性上就被赐予计划、命令和监督的力量,而其他人则仅仅拥有服从和执行的能力。因此,奴隶制是自然的和不可避免的。认为由于家庭奴隶和财产奴隶已经从法律上被废除了,亚里士多德所认为的奴隶制就已经消失了,这一假定是错误的。但是,事情至少已经发展到这样一种程度,奴隶制很明显是一种社会状态,而不是心理上的必然。尽管如此,今天老于世故的亚里士多德之流却仍然宣称,战争制度和现在的工资制度是以不变的人性为根基的,以至于努力改变它们是愚蠢的。

像古希腊的奴隶制或封建农奴制一样,战争和现存的经济体制都是由各种本能活动的材料编织而成的社会模式。天生的人性提供了原始的质料,而风俗则提供了方法和设计。没有愤怒、好斗性、敌对性、自我炫耀以及诸如此类的天生倾向,就不可能引起战争。活动永存于这些天生倾向之中,并且它在任何生活条件下都将持存下去。认为这些倾向能够被根除,就像假定如果没有吃饭与性交,社会仍然能够继续存在一样。但是,认为这些倾向最终必定产生战争,就如同一个野人会相信,由于他为了编织筐而运用具有自然属性的纤维,所以他的部落由来已久的模式也是自然的和不变的形式一样。

从一种人道的观点来看,我们对历史的研究仍旧太过原始。它可能会研究大量的历史事实,但却仍然允许历史,即对人类活动的变迁与转变的记录,逃离我们的视野。如果我们以这个国家和那个国家各自有其份额的分散方式来对待历史,那么,我们就会把历史看作是一系列孤立事件的最终结果,每一个结果在合适的时候都会让位给另一个结果,就如同跑龙套的群众演员们彼此相继穿过舞台一样。因此,我们丢掉了历史事实以及它所带来的教训;同样的人性也许产生出不同的制度形式和风俗,并且运用它们。有一种幼稚的逻辑教导我们说,鸦片由于具有催眠的效用,所以它才使人昏昏欲睡。令人高兴的是,这种逻辑现在已经从自然科学中被驱逐出去了。当我们相信由于好战的本能而导致战争出现时,或者当我们相信由于获得性冲动和竞争性冲动必定要找到表达的方式,所以一种特定的经济体制是必然的时候,我们在社会问题上也就运用了同样的逻辑。

好斗性和恐惧像怜悯与同情一样,都是天生就有的。从道德上来说,重要的是这些天生倾向相互作用的方式,因为它们之间的相互作用也许会产生一种化学变化,而不是产生一种机械性的结合。同样,没有任何一种社会制度是作为一种有支配性力量的产物而单独存在的。它是许多社会因素相互抑制和加强所产生出来的一种现象或一种功能。如果我们遵循一种幼稚的逻辑,那么,我们就将在认为在结果的统一性后面有力量的统一性这一假定中,把结果的统一性重复了一遍——就像人们在探讨自然事件时曾经做的那样,把目的论看作是因果效用的展现。因而,我们两次接管的是同一个社会风俗:一次是作为现存的事实,另一次是作为产生出这种事实的原始力量,并且关于人性或人种的不变作用发表了貌似聪明的陈词滥调。犹如我们是通过好斗性来解释战争,通过激起野心和努力的获利诱因的必然性来解释资本主义体制那样,我们也通过审美观察力来解释古希腊,通过管理能力来解释古罗马,通过对宗教的兴趣来解释中世纪,等等。我们已经建构了一门精致的政治动物学,它像另外一门关于凤凰、狮身鹰首兽和独角兽的动物学一样具有神话色彩,但几乎不像后者那样富有诗意。天生的种族精神、民族精神或时代精神、国家命运都是这一社会动物园中的熟悉形象。作为效果和现存的风俗的名称,它们有时是有用的。作为解释力量的名称,它们就对理智造成了严重破坏。

我们非常感谢威廉·詹姆斯(William James),仅仅因为他所写的论文题目是《战争的道德等价物》(The Moral Equivalent of War)。它用一道光亮揭示出了真正的心理学。各个氏族、部落、种族、城市、帝国、民族、国家之间一直在进行着战争。认为这一事实证明了一种根深蒂固的、好战的本能使战争永远不可避免,这种论点比许多关于各种各样的社会传统是不变的论点更加值得尊敬。因为这种论点在其背后,具有某种经验一般性的支持力量。然而,战争等价物这一提法引起了人们对各种冲动混合的注意,这些冲动都是在好战冲动的名义之下临时被聚集起来的;而且,也引起了人们对这一事实的注意,即这一混合之中的各种要素也许被完全编入许多不同类型的活动之中,其中一些活动也许会采取比战争运用过的更好的方式作用于天生冲动。

好斗性、敌对性、爱慕虚荣、爱劫掠、恐惧、怀疑、愤怒、渴望不受和平的习俗与限制的约束、热爱权力、憎恨压迫、新奇表现的机会、热爱家乡与故土、依恋自己的人民和依恋宗教与家庭、依恋勇敢和忠诚、获取名声、获取金钱或谋求发迹和爱情的机会、对祖先以及祖先的诸神的虔敬——所有这些事物以及其他更多事物都成为好战的力量。假定有某种不变的天生力量导致战争,就像通常认为我们的敌人的行动仅仅基于所谓比较卑鄙的倾向,而我们则是基于高贵的倾向而行动一样天真。在较早的年代,在好斗性与战争之间不仅仅有口头联系;通过拳头立刻引起了愤怒与恐惧。但是,在组织松散的拳击与今天具有高度组织性的战争之间,夹杂着一段漫长的经济、科学和政治历史。导致战争的,是社会条件状况而不是古老的、不易变化的亚当;在战争中所运用的根深蒂固的冲动,能够被引导到其他许多渠道之中。这一已经目睹了自然力量是可改变的科学学说胜利的世纪,不应当在较少奇迹性的社会等同物和代替物上停止不前。

如果詹姆斯先生曾经目睹本次世界大战,那他将很可能会更改他的论述方式。如此多的新变化已经深入战争之中,以至于这次战争似乎证明,尽管还没有找到战争的等价物,但在传统上,与战争相联系的各种心理力量已经发生了巨大的变化。我们可以把《伊利亚特》看作对战争的传统心理学的一种古典表达,而且把它看作关于战争的动机和荣誉的文学传统的源泉。但是,在近代战争中,海伦、赫克托尔、阿喀琉斯在哪里呢?引起一场战争以及加入一场战争的活动不再是个人的爱,不再是对荣誉的爱,或者不再是士兵对自己私下聚积起来的战利品的热爱,而是具有一种集体的、无聊的政治本性和经济本性。

对没有卷入战争的民间所有农业和工业力量进行普遍的征兵和广泛的动员,对每一种可以想象的科学装置和机械装置的运用,以及由不受个人情感影响的参谋部作为一个共同中心所支配的军队大规模移动;这些因素,把关于战争的传统心理学装置抛到距离现在十分遥远的古代。曾经被求助的各种动机都变得过时了,它们现在都无法引起战争。这些动机只是在战争已经出现之后,为了鼓舞广大士兵去完成他们的任务时才被运用。一场不受个人情感影响的、科学的大规模战争变得越恐怖,我们就越有必要找到具有普遍性的理想动机来证明其合理性。对特洛伊的海伦的爱,已经变成一种对全人类的强烈的爱;而对敌人的憎恨,象征着对他所体现的一切不正当、不公平和压迫的憎恨。实际的原因越平凡,我们就越有必要找到更鲜明的高尚动机。

这样的一些思考几乎都无法证明战争在未来的某一时刻将会被废除。但是,它们瓦解了那种以在最初人性中特定的力量永远不变为基础而肯定战争必然继续存在下去的论点。曾经导致战争的各种力量,已经为它们自己找到了其他的发泄途径;而新的刺激是以新的经济和政治条件为根基而存在的。因而,战争被看作是社会制度的一种功能,而不是在人的构造中天生固定不变的功能。我们必须得承认,上一次世界大战并没有使寻找社会等价物这一难题变得更简单和更容易。现在,把战争归因于特殊的、可孤立的、可分别找到各自表达渠道的人类冲动,而让生命中的其余冲动仍然在继续寻找其表达方式,这种想法是十分天真的。一般性的社会重组是必要的,它将重新分布各种力量,并免除、分散和取消这些力量。当欣顿(Hinton)写道,废除战争的唯一途径就是使和平成为英雄式的,他无疑是正确的。现在似乎是,英雄般的情绪不是任何可以在某种副业中被专门化的东西,以至于战争的冲动可以在特定的实践与职业中得到升华。这些冲动必须在所有和平的任务中找到发泄方式。

因此,赞同战争必然持久存在的理由证明了这是十分重要的。它使我们明智地怀疑所有便宜的和容易得到的等价物。它使我们相信,通过使其他社会制度完全不变所产生的作用(agencies)来努力取消战争是愚蠢的。历史没有证明战争的不可避免性。但是,它确实证明,把天生力量融入一些政治学和经济学模式的风俗和制度,也将导致战争的模式。战争的难题之所以难以解决,因为它是重大的,它不是别的,而正是如何在和平时期有效地把各种天生冲动道德化或人性化这一比较广泛的难题。

经济制度的情况就像战争的情况一样,也是发人深省的。的确,现在的(经济)体制比战争制度更晚近化和更本土化。但是,还没有任何曾经存在过的体制不是为了其他人的利益而以某一形式剥削另外一些人的。有人认为,这一特征是不可否认的,因为它源于人性中天生的、不变的性质。例如,有人论证说,经济上的低下和无能是源自于原始占有本能的私有财产制度中的小插曲;有人则辩称,它们源自于为财富而进行的竞争性奋斗,这一奋斗又源自于对作为工业诱因的利润的绝对需要。这些辩解是值

第九章 改变人性 101

得考察的,因为它们揭示出冲动在有组织的行为中的地位。

任何一个毫无偏见的观察者都无法轻易地否认一种原始趋向的存在,而这种趋向把客体和事件同化到自我之中,并使它们成为"我"的组成部分。我们甚至可以承认,倘若没有这个"我的",那么,这个"我"就不能存在。自我通过占有事物而获得固定性与形式,并把这些事物等同于我们称之为我自己的东西。甚至在极端非人格化的近代工厂中的一名工人,也达到了拥有"他的"机器的地步,并为变化而感到焦虑。占有塑造并巩固了哲学家们所说的"我"。"我有故我在",比笛卡尔的"我思故我在"表达出一种更真实的心理学。一个人的各种行为被归于他,因为他不仅是它们的创造者,而且是它们的拥有者。当这些行为所发生的时刻过去以后,他不能与它们断绝关系,这就是道德上的责任和法律上的责任得以产生的根源。

但是,这些同样的思考表现了占有活动的多样性。我的世俗利益,我的好名声,我的朋友,我的荣誉和羞耻,所有这些都依赖于一种占有的趋向。占有的需要已经不得不被满足;但只有一种冷漠无情的想象力才能认为,公元1921年存在着的私有财产制度是其实现的唯一或不可或缺的手段。所有勇敢的生命(gallant life)都是用不同的方法去实现这个目的的一种实验。它在掠夺性的侵略中、在形成友谊中、在追求成名中、在文学创作中、在科学生产中消耗着自身。在面对这种变动不居性时,要求有一种妄自尊大式的无知来对待关于股票与债券、遗嘱与继承的现存复杂体制,即一种在所有方面都是由法律与政治措施所支撑的体制,并且把这种体制看作是一种占有本能的唯一合法的和受过洗礼的孩子。有时,即使是在现在,当一个人放弃某物时,他才最强调所有制这一事实;使用、消费是占有的正常目的。我们能够想象这样一种事物状态,在其中,这种独占的冲动通过把物品据为己有而得到充分的满足,其所达到的程度与这些物品明显地被管理以便一个公司共同体都能受益的程度一样。

这种情况与所借助的其他心理原则,即需要一种个人利益的刺激以使人们从事有益的工作,是否相违背呢?我们不必使自己满足于指出利益观念的伸缩性,指出金钱收益的可能等价物以及这样一种事态的可能性,即仅有那些使一个团体受益的事物才可以被算作是个人的收益。相反,如果我们对诱因和动机的全部概念进行分析,就会促进这一讨论。

毫无疑问,说每一种有意识的行为都具有一种诱因或动机,是有一定意义的;但这种意义就如同说每一事件都有一个原因一样,是不言自明的。这两个陈述都不能帮助说明所发生的任何特定的事情。建议我们去寻找与正在被讨论的事实相关联的其他一些事实,这至多是一种准则。那些试图捍卫现存的经济制度必然是人性的显现的人,把这种具体探究的建议转变为一种一般性的真理,因此也转变为一种确定的谬误。他们将这种说法理解为:如果没有某种实在的回报希望,就没有人做任何事情,或者起码就没有人做对其他人有益的任何事情。而且,在这个错误观点的背后,还有另外一种更加可怕的假定,即人自然地存在于一种静止的状态中,以至于他要求某种外部力量来使他运动起来。

那种在绝对消极意义上说一件事物本质上完全是惰性的观念,被排除在物理学之外,却已经在当前经济学的心理学之中找到了庇护所。事实上,人总是要行动的,他禁不住要行动。从任何根本的意义来说,一个人需要有一个动机以使他去做某事这种观点是错误的。对于一个健康的人来说,不行动是最大的悲哀。任何观察儿童的人都知道,尽管安静时期是自然的,但懒惰却是一种后天获得的恶习,或美德。当一个人醒着的时候,他就会做一些事情,哪怕是去建造空中楼阁。如果我们愿意那样说,我们就可以说一个人吃东西,仅仅是因为他受到了饥饿的"驱使"。尽管如此,这种陈述纯粹是同语反复。因为所谓饥饿,除了意味着人在本能上自然要做的事情之一是去寻找食物——他的活动自然会转向那条道路——之外,它还意味着什么呢?饥饿首要指的就是一种行为或积极活动的过程,而不是指一种行为的动机。如果我们从大体上来理解的话,饥饿就是一种行为,仿佛一个婴儿盲目地寻找母亲的乳房一样;如果我们准确地把它看作是一种化学—生理学上发生的现象,那饥饿就是一种活动。

关于动机的整个概念,实际上是超心理学的。它是人们试图影响人类行动的一种结果,首先是影响其他人的行动,其次是一个人影响他自己的行为。任何一个有理智的人,都不会把动物或白痴的行为归因于一种动机。我们说一只咬人的狗是令人厌恶的,但不会去为它咬人这一行动寻找动机。然而,如果我们能够通过促使狗去反思自己的行为来指引它的行动,那么,我们立刻就应该对狗所做出的行为之动机感兴趣,并应该尽力使它对同样的主题感兴趣。问是什么原因诱使一个人去做一般性的活动,这是十分荒唐的。人是一种积极的存在物,而且所有存在的一切都是就这点而言的。但是,当我们想让他按照这一特定的方式而不是那一种方式行动时,也就是说,当我们想以一种特定的方式来指引他的活动时,就会涉及动机的问题。因而,动机就是在一个人的整个复杂活动中的那样一种要素,如果它能够被充分地激励起来,它就将导致一种产生特定后果的行为。这一在整个活动中加强(或削弱)某些元素因而调节实际后果的部分过程,就是把这些要素归因于一个人作为其活动动机。

一个儿童自然会抢夺食物,但他是在我们在场时这样做的。从社会的角度来看,他的行为方式是令人不快的;于是,我们就把贪婪或自私的动机归于他的行为,而他的行为直到这一时间是完全无辜的。贪婪性仅仅意味着,当他的行为从社会的角度来观察并且不被赞同时,这一行为所具有的性质。但是,我们通过把这种以不受赞同的方式而行动的动机归因于他,就是要促使他不要这样做。我们分析他的全部行为,让他对行为结果中令人讨厌的要素给予注意。一个具有同样自发性或轻率性的儿童就会屈服于其他人。我们向他指出,赞同他三思而后行,赞同他高尚地去行动。一旦行动的这种性质受到注意并被鼓励,它就会成为将来引发同样行为的那种因素的强化刺激物。在一种行为中,被看作是产生如此这般后果的趋向的一个要素就是动机。动机并不存在于一种行为之前,并产生出这种行为。它是一种行为加上一种对这种行为的某个要素所作的判断,而这一判断是根据这种行为的后果而作出的。

据说,起初其他人赋予一种行为以各种赞成性的或应当性的性质,然后他们把这些性质归因于一个行动者的性格。他们以这种方式作出反应,目的就是为了鼓励他在将来作出同种行为,或者是为了劝阻他——简言之,是为了确立或消灭一种习惯。这种特征化(characterization)是影响人的性格和行为的发展方法的组成部分。它是一种对赞美与责备的日常反应的改良。经过一段时间以后,一个人在某种程度上就会教导他自己在行动之前,思考以这种或那种方式去行动所产生的各种结果。他记起,如果他以这种或那种方式行动,那么,某个无论是真实的还是想象中的观察者,就会把高贵或卑鄙的倾向、善良或邪恶的动机归因于他。因此,他学会了影响他自己的行为。以这种向前看的方式来参考结果,尤其是参考那些被赞许和谴责的结果,据此而作出的一种未成形的活动就构成了一个动机。因此,我们不是说一个人需要一种动机以促进他去行动,而应该说,当一个人将要行动时,他需要知道他将去做什么——就是按照所产生的后果而知道他的行为的性质是什么。为了作出正确的行为,他需要像其他人一样来审视自己的行动;即根据它所朝向的特定事物是值得欲求的或是令人厌恶的,而把它看作是一种善的或恶的性格或意志的显现。没有必要给一个人的一般活动提供诱因;但是,完全有必要通过对行为结果一种可理解的感知来促使他去指导自己的行动。因为这最终是影响活动朝向这一值得向往的方向,而不是那种令人反对的方向的最有效方式。

  简言之,动机只不过是一种冲动,而这种冲动被看作是习惯中的一种成分、倾向中的一种因素。一般而言,动机的意义十分简单,但实际上,动机就像最初的冲动性活动一样多。这些活动通过它们所产生出来的各种不同后果而增加,因为它们是在不同的条件之下起作用的。当前流行的经济心理学已经如此惊人地简化了这一情形,那是如何发生的呢?为什么它只承认一种类型的动机,即只承认关心个人利益的动机呢?当然,在一切倾向于以人为的概念简单化来代替乱糟糟的具体经验事实的科学自然倾向里,我们将会找到部分答案。但是,这个答案的重要部分与完成工作时所处的社会条件有关系,例如,不自然地强调对报酬的期望这些条件。它再一次成为我们主要观点的例证,即社会风俗不是特定冲动的直接的和必然的后果,而是社会制度和期望把各种冲动塑造并凝结成有支配力量的习惯。

把对利润的强调解释为是促进生产的、有益的工作之途径,这种社会特质与把工作等同于劳动形成十分鲜明的对比。因为在经济理论中,劳动意味着某种痛苦的事物,某种如此繁重的、令人不快的或者是"代价高昂"的事物,以至于每一个体只要有可能就会避免去劳动,而且,从事劳动也只是因为有超值收益的允诺。因此,我们被诱使去思考的问题就是:那种使生产性工作变得无趣或辛劳的社会条件是什么?为什么工业家的心理学是如此不同于发明家、探险家、艺术家、运动员、科学研究者、医生和教师的心理学呢?对于后者,我们不认为活动是一种如此难以负担的牺牲,以至于从事它只是因为人们被获得报酬的希望所贿赂才去行动,或是被损失的恐惧所强迫才去行动。

从事"劳动"的社会条件已经变得与人性是如此之不相宜,以至于不再是因本来的意义而从事劳动。这种劳动是在那些使它直接令人感到厌烦的条件之下进行的。所谓需要一种诱因来激励人们摆脱不活动的惰性,就是需要一种足够有力的诱因来克服从社会条件中产生出来的一些相反刺激物。现在,生产服务的环境剥夺了那些从事这种服务所获得的直接满足。因而一个真正重要的事实被包含在当前的经济心理学中,但它是一个关于现存的工业条件的事实,而不是关于天生的、最初的活动之事实。

使活动成为令人愉快的活动,这是"自然而然的"。它倾向于找到完满实现,而找到一种出路本身就是令人满意的,因为它标志着部分成就。如果生产性活动在本质上已经变成令人不快的,以至于人们不得不人为地被诱惑去从事它,那么,这一事实就充分证明:工作得以继续下去的条件阻碍了各种复杂的活动,而不是促进了这些活动;它们激怒和妨碍了各种自然趋向,而不是促使这些趋向努力去获得成果。于是,工作就变成了劳动,变成了某一原始诅咒的后果;这一诅咒迫使人去做只要有可能不做就不会做的事情,变成某种原罪的结果;这一原罪把人们从无需勤劳,欲望就会得到满足的天堂中驱逐出来,并强迫他们为生计而付出辛劳的汗水。从这一点出发,自然就可以推导出:复乐园意味着累积投资额以至于一个人能够无需劳动,仅依靠它们所产生出来的赢利来生活。我们重申,在这幅画面中,有许多真理,但不是关于原始人性和活动的真理。它关注的,是人类冲动在特定的社会环境影响之下所采取的形式。如果在社会改变方面有许多困难——当然会有许多困难——那么,这些困难并不在于人性最初就厌恶有益的行动,而在于把为工资而劳动的工作与艺术家、探险家、运动员、士兵、管理者和投机商人的工作区分开来的那些历史条件。

第十章 冲动以及各种习惯之间的冲突

IMPULSE AND CONFLICT OF HABITS

战争以及现存的经济体制主要不是因为它们自身的缘故而被讨论。它们是存在于最初的冲动与后天获得的习惯这一关系之间的关键性事例。它们充满了各种邪恶的后果,以至于任何一个愿意去批判的人都能无休止地对它们进行批评。尽管如此,它们仍旧继续存在着。这种持存性就成了保守主义者主张这些制度根源于一种不变的人性之理由。一种更真实的心理学却在其他地方找到了困难之所在。这种心理学表明,麻烦之处就是已经确立起来的习惯所具有的惰性。不管习惯所起源的环境是多么偶然和无理,不管现存的条件是多么不同于这种习惯形成时所处的那些条件,习惯都继续存在着,直到环境坚决地否认它为止。习惯一旦形成,就会通过不断地影响天生的各种活动而使其自身永存。习惯按照自己的喜好去激励、禁止、加强、削弱、选择、专注和组织这些天生活动。习惯按照自己的形象,从无形而空虚的冲动中创造出一个世界。人既不是理性的生物,也不是本能的生物,而是一种习惯的生物。

认识到这种正确的心理学,我们就找到了问题之所在,但却不能保证它的解决。确实,它初看起来似乎表明,所有解决这个问题和确保根本性的重新组织的尝试都陷入一种恶性循环。由于天生活动的方向依赖于后天获得的习惯,因而后天获得的习惯只能通过改变冲动的方向而能更改。现存的各种制度都把它们的印迹和文字强加给冲动和本能,这些制度体现着本能和冲动所遭受的改变。那么,我们如何才能获得力量来改变这些制度呢?冲动将如何运用那种已经为它所拥有的重新调整的功能呢?我们不得不依赖于巨变和偶然而使风俗变得混乱,以便释放出冲动来使它作为新习惯的起点,难道这在将来会和在过去不一样吗?

例如,现存的关于产业工人的心理学是滞后的、不负责任的,它把最大量的机械性常规和最大量的易发作的、不可控制的冲动性结合起来。这些事物已经被现存的经济体制所培育。但是,它们的存在是社会变革的可怕障碍。我们不能在人们中培养那种欲望,即欲求尽可能不付出任何东西而得到某物。我们通过宣传生产力的魅力,通过责备人性中天生的自私性,通过敦促某种伟大的道德复兴与宗教复兴,就会很容易使我们自己满足。各种缺陷实际上指出了经济制度变化的必然性,但与此同时,这些缺陷也为变化设置了重大的障碍。同时,现存的经济体制为了它自己永存,已经赢得了管理能力与技术能力的支持;如果劳动者要被解放,这些能力就必然成为劳动者劳动的原因。其他人在面对这些困难时,期望通过全面的内战和革命来寻求一种同样廉价的满足。

我们有什么办法可以摆脱这种恶性循环吗?首先,在对青年人的教育中有很多种尚未被利用的可能性。考虑到普遍教育在早期并不对群众开放,我们认为普遍教育的观念几乎还不到一个世纪,它仍然更多的是一种观念,而不是一个事实。而且,迄今为止,学校教育已经在很大程度上被用作一种为现存国家体制和经济体制服务的便捷工具。因此,我们可以很容易地指出任何一个现存的学校体制所具有的缺陷和歪曲。对于一位批评者来说,对已经成为例如是美国共和国特征的教育的宗教式虔诚进行嘲笑,这是很容易的。我们很容易把它称作是无知的热情、缺乏理解力的狂热信仰。然而,这种冷酷的现实情形是:连续的、逐步的经济与社会改革的主要手段,就是运用教育青年人的机会来更改流行的思想和欲望类型。

青年人还没有完全屈服于已经确立起来的风俗之影响。他们那种拥有冲动性活动的生命,是生动的、灵活易变的、实验性的和好奇的。相对来说,成年人已经形成和固定了他们的习惯。他们虽然说不上是一种环境的受害者,但却是它的服从者;他们只能通过大量的努力和干扰,才能直接改变这种环境。他们也许不能清楚地看到所必需的变化,或者不愿意付出代价去引起这些变化;然而,他们希望下一代人有不同的生活。为了实现这一愿望,他们也许创造出一种特殊的环境,而这种环境的主要功能就是教育。为使对青年人的教育在促进社会改良方面有效,对成年人来说,就没有必要对某种更好的状态有明确的、确定的理想。这种精神所指引的教育事业,可能仅仅会以一种僵化来代替另一种僵化而告终。所必需的是,将要养成的习惯比当前那些习惯更明智、更有敏锐的感知力、更有预见、更懂得它们在做什么、更直接率真、更有灵活的反应性。于是,这些习惯将解决它们自己所面对的难题并提出其改良方式。

尽管对年轻人的教育是使这种冲动的生命用作引起社会改善代价最小、最有序的方法,但它不是唯一的方法。成人的环境不是铁板一块的。一种文化越复杂,它就越是包含着根据不同的、甚至是相互冲突的模式所形成的习惯。每一种风俗本身也许是僵化的、迟钝的,但这种僵化可能导致风俗去折磨其他人,因而所导致的这种折磨也许会释放出进行新探险的冲动。很明显,现在这个时代就是包含有这种内部冲突与解放的时代。社会生活似乎是混乱的、无序的,而不是非常固定地被控制着的。现在,政治制度与法律制度同支配着友谊交往、科学与艺术的习惯相矛盾。各种不同的制度培养了对立的冲动,并且也形成了相反的倾向。

如果我们不得不根据劝诫和无形的"理想"而等待引起社会变革,那么,我们确实将要等待很长时期。但是,彼此之间不一致的各种制度所包含的冲突模式正在产生出巨大的变化。重要的不在于改变是否应该继续下去,而在于这些改变是否应该以不安、不满和盲目敌对的斗争为特征,或者理智上的引导是否可以调节巨大的冲突,并把各种分裂的要素转变为一种建构性的综合。无论如何,"先进的"国家的这种社会情形,就好比给我们对僵化风俗的坚持赋予一种荒谬性气息。有许多人告诉我们,真正的麻烦在于习惯与原则缺乏确定性,在于与一劳永逸地建立起来的永恒标准和结构背道而驰。我们被告知,我们正在遭受本能过剩之苦,正在遭受因作为一种生活规律的习惯屈服于冲动而导致的习惯松散之罪。治疗的方法据说是从当代的流动性返回到遵守规律和比例的古典时代的稳定而宽广的模式之中,因为古代反正总是古典的。当不稳定性、不确定性和无规律的变化传播到所有情形中时,为什么要强调固定习惯的邪恶之处,以及释放作为重新组织的发起者的冲动之必要性呢?为什么不去谴责冲动而赞扬遵从秩序和确定真理的习惯呢?

这一问题是自然的,但所提出的治疗方法是无用的。我们很难夸大现在从一种教育(nurture)转变到另一种教育的程度,就像夸大从商业转变到教会、从科学转变到报纸、从商业转变到艺术、从友谊转变到政治学、从家庭转变到学校的程度那样。一个个体现在服从于许多种相互冲突的教育计划。因此,各种习惯彼此被分隔开来,人格被扭曲,行为的计划也被弄得乱七八糟。但是,这种治疗方法就是培养一种新的风气;而且,只有当释放出来的冲动被明智地用来塑造在一种新情形下彼此协调的习惯时,这种风气才能被获得。由于旧习惯的衰微而导致的松弛,不能通过敦促恢复旧习惯之前的严格性来纠正。尽管从抽象的角度来说,它是值得欲求的,但那是不可能的;而且也不是值得欲求的,因为旧习惯的不灵活性就是它衰落与分裂的主要原因。哀伤地抱怨变化的流行,以及抽象地恳求恢复衰老的权威,这些都是个人脆弱、不能应对变化的征兆。它是一种"防御性的反应"(defense reaction)。

第十一章 本能的分类

CLASSIFICATION OF INSTINCTS

我们可以用几个一般性的陈述来概括这一讨论。首先,试图把最初的活动限制在许多明确的、界线分明的本能中的做法是不科学的;而且,这种企图的实际结果是有害的。的的确确,分类就像它是自然而然的一样有用。心灵以定义、详细列举、编目录、还原为共同的源头,以及把它们串连起来的行为,来处理数量不确定、特殊的、不断变化的各种事件。但是,这些行为像其他理智行为一样,是为了一个目的而被实施的;因而,目的的实现是它们的唯一合理性证明。一般来说,这个目的有助于我们处理独一无二的个体和不断变化的事件。当我们假定分裂与联合表示的是自然事物中固定的分裂与联合时,就阻碍而不是促进了我们对事物的处理。我们在认为自然会迅速施加惩罚这一假定上犯了错。这使得我们无法有效地处理自然与生命的精巧和新奇。在事实是变动不居之处,我们的思想是坚定不变的;在事件流动和消失之处,我们的思想是集中而厚重的。

倾向于忘记区分与分类的作用,而把它们看作本身就是有区别的事物,这种趋向就是当前流行的科学专门化所犯的错误。这一趋向是自以为博学的明显特征之一,是错误的抽象主义之本质。这种曾经一度在自然科学中盛行的态度,现在支配着关于人性的理论。人已经被分解为一堆确定的、基本的本能,这些本能可以被点数和编目,并完全可以被逐一描述。理论家们仅仅是或主要是在它们的数量和等级上持有不同的意见。一些理论家说,有一个本能,即自爱;另一些理论家则说,有两个本能,即利己主义和利他主义;其他一些理论家却说有三个本能,即贪婪、恐惧和荣誉;而今天具有更多经验倾向的作家们认为,有多达五六十种本能。但是,实际上就像不同的刺激条件有不同的时间一样,对不同的刺激条件也有许多特定的反应,因而我们的列举只是为了某一目的的分类而已。

这种人为的简单化所造成的最大恶果之一,就是它对社会科学所产生的影响。各种复杂的生活领域已经被指派给某一特定的本能或一系列本能来裁决,它用专制主义通常所产生的后果独裁地统治着这些生活领域。政治学已经取代了作为以恐惧为基础的一组现象的宗教;或者,政治学在已经成为一种特殊的、亚里士多德式的政治才能所获得的成果之后,成为限制人追逐私利的冲动的必要条件。所有社会学上的事实,在一些大部头的书里都被看作是模仿和发明的产物,或者被看作是合作与冲突的产物。伦理学建立在同情、怜悯和仁爱的基础之上。经济学是关于因为一种爱和一种厌恶——利润和劳动——所产生的现象之科学。令人惊奇的是,在17世纪科学方法被发现以前,人们能够从事这些事业而没有想到它们与自然科学十分相似。就是在现时代,还流行着另外一种简单化的做法,就是把所有的本能都追溯到性欲上,以至于找出那个女人(在许多象征性的伪装之下)就是科学在行为分析上最终所能说出的话语。

一些曾经产生很大影响的、熟练的简单化做法,现在大多成了历史上的问题。虽然如此,但它们是有教育意义的。它们表明了社会条件是如何把沉重的负担压在某些趋向上,以至于一种后天获得的倾向最后被看作似乎是一种最初的,或者唯一最初的活动。例如,想一想霍布斯加之于恐惧反应上的因果性力量这种重负。对于今天一个生活在相当安全而舒适环境中的人来说,霍布斯所说的普遍的恐惧意识,似乎就像一种不正常的胆小气质所具有的癖性。但是,在考察他所处的时代条件之后,在考察各种导致普遍的不信任和敌对以及引起残忍的恐吓和分裂的阴谋的混乱之后,问题就大不相同了。这种社会情形导致了恐惧。作为对自然人的心理学的一种解释,他的理论是不健全的;但作为对当代社会条件的一个记录,他的理论有许多可以讨论之处。

对于18世纪的道德学家强调仁爱是行动无所不包的道德源泉,以及19世纪的孔德在高扬利他主义时所做的强调,都同样如此。这种负荷太过沉重;但它证明了一种新的博爱精神的成长发展。随着封建藩篱的瓦解,以及随之而来的以前分散的个人之融合,一种为其他人寻求幸福、减轻痛苦的责任感就会油然而生,把它转变为政治行动的条件还不太成熟。因而,私人的、自愿的仁爱倾向就变得十分重要。

如果我们冒险闯入更古老的历史中,那么,柏拉图对人的灵魂所作的三重区分,即理性因素、有生气的积极因素和目的在于增加或获利的意欲因素,就是非常富有启发性的。众所周知,柏拉图曾说,社会就是大写的人类灵魂。在社会中,他发现有三类阶级:哲学家与科学家、士兵—公民、商人与工匠。因而,概括出在人性中有三种主导力量。反过来说,我们看到,在他所处的时代,商业贸易尤其要诉诸贪欲,市民资格要诉诸一种具有忘我的、忠诚的、思想高尚的冲动(élan),科学研究则要诉诸一种对智慧的公正无私之爱,而这种智慧似乎被一小部分孤立的群体所垄断。事实上,各种区分不是从自然个体的心灵中投射到社会中去的,而是通过社会风俗和期望的力量来区分个体而形成的。

现在,曾经附着在"自爱"本能之上的名望并没有完全消失。这种情况仍然值得去考察。在它的"科学"形式中,起点就是人与其他动物特有的所谓自我保存的本能。从这种似乎是无害的假定出发,一种神话式的心理学就诞生了。包括人在内的各种动物当然实施了许多行为,这些行为的后果就是保护和保存生命。如果他们的行为从整体上看没有这种趋向,那么,无论个体还是种类都将不会长期存在。大体来说,源于生命的各种行为也保存了生命。这无疑是事实。这一陈述意味着什么?生命就是生命,只要生命是任何生命,那它就是一种连续的活动,这绝对是不言自明的事实。但是,主张自爱的学派把生命倾向于保持生命的事实转变为一种分离的、特殊的力量,而这种力量在某种程度上成了生命的基础,并解释了它的各种行为。一个动物在它的生命活动中表现出了呼吸、消化、分泌、排泄、攻击、自卫、寻找食物等许多行为,并表现出对这一环境中特定的刺激所作出的许多特定的反应。但是,神话学开始流行起来,并把所有这些行为都归因于一种自我保存的冲力(nisus)。因此,它不过是达到一切有意识的行为都被自爱所鼓励这种观念的一个步骤。于是,这个前提就会在精巧的计划中得以展开,以证明人的每一行为,包括他明显的慷慨行为,都是一种自私自利的变异。而当它由关于这个"世界"一种愤世嫉俗的知识推动时,就常常会显得非常好笑;当它由关于所谓逻辑本性的一种愤世嫉俗的知识推动时,则会显得非常乏味。

这种错误是显而易见的,因为除非一个动物是活着的,也就是除非它的行为产生出维持生命的结果,否则它就不可能存活。所以,我们可以断定它的所有行为都被一种自我保存的冲动所激励。既然所有行为都以这样或那样的方式影响着行动者的福利,既然当一个人成为反思性的人时,他宁愿要幸福的后果,而不要悲哀的后果,那么,他所有的行为就都是由自爱所致。实际上,一种观点认为,生命就是生命;而另一种观点则认为,自我就是自我。一方说,各种特殊的行为都是一个活着的生物做出的行为;而另一方则说,它们是自我做出的行为。在这种生物学的陈述中,通过指出每一行为都倾向于自我保存,忽视了某种重要的事实,即在一种情况下那是一只蚌的生命,而在另一种情况下那是一只继续存在着的狗的生命,从而掩盖了,比如说,一只蚌的行为和一只狗的行为之间的具体差异性。从道德上看,耶稣、彼德、约翰和犹大之间的具体差异性被隐藏在这个聪明的评论之中,即他们毕竟都是自我,所有的行为都是自我的行为。无论如何,一种结果或"目的"被看作是一种行动的原因。

这种谬误就在于,把作为一个自我而行动的(自明)事实转变为总是为了自我而行动的这种虚构。此外,十分明显的是:每一行为都倾向于某种习惯在一定程度上的实现或满足,而这种习惯无疑是性格结构中的一个要素。从性质上来说,每一满足都是由在达到的目标中实现的倾向所致,无论这种倾向是叛逆还是忠诚,是仁慈还是残忍。然而,理论开始流行起来,并通过指出这些满足就是全部的满足而掩盖了各种被体验到的满足在性质上的巨大差异。于是,通过把这种人为的统一结果转变为一种最初对满足的热爱,而这种满足是产生出所有相似行为的力量,从而使它所产生的害处得以完成。因为尼禄(Nero)和皮博迪(Peabody)都在他们所作出的行为中得到满足,所以,我们可以推断每一方获得的满足在性质上都是相同的,而且他们都是因为对同样的目标的热爱而去行动的。实际上,我们越是具体地仔细研究实现这一共同事实,就越认识到所实现的自我在种类上的不同。在指出南极与北极都是极点时,我们并没有取消北极与南极的差异;我们强调的,就是这种差异。

然而,对谬误的这种解释过于简单,不易令人信服。必定曾有某种具体的、经验的原因可以解释,有理智的人们为什么如此轻易地就被一种十分明显的谬论所蒙骗。那种实质性的错误就是相信自我是固定的和简单的这一信念,而这一信念曾由距离现在所讨论的学派十分遥远的一个学派所孕育出来,这些神学家们在他们的学说中认为灵魂是统一的、现成完满的。我们只有通过认识到自我性(除非它已经把自己包裹在常规之中)正在形成之中,并且认识到任何自我都能在它本身中包括许多不一致的自我以及相冲突的倾向,才能获得关于动机与利益的真实观念。即使是尼禄,也偶尔能够作出仁慈的行为。我们甚至可以想象,他在一定环境下,也许会被各种残忍的后果所震撼,并转而培养各种比较友善的冲动。一个充满同情心的个人也不免会有令人不愉快的自大倾向,他也许会发现自己因为一种仁慈行为而卷入非常麻烦的后果之中,以至于让自己的高尚冲动变得枯萎,而且从今后会用最严格和老练的审慎来支配他的行为。性格中的矛盾和转变在经验中是最普通不过的事情。仅仅持有灵魂和自我是单一的和简单的传统观念,使我们无法看到它们意味着什么:自我的组成部分所具有的相对变动性和多样性。在各种活动的背后,没有一个现成的自我存在着;存在着的只是复杂的、不稳定的和对立的态度、习惯与冲动。它们彼此之间逐渐达成一致,呈现出某种一致的外表,尽管只有通过各种矛盾的广泛分布而使它们完全隔离开来,并在行动中给它们以单独的方向或特点。

当"自我"一词用作许多表达善意的词汇的前缀时,这些表达善意的词汇,像怜悯、信心、牺牲、控制和爱,就会被损坏。之所以如此的原因并不难找。"自我"这个词,使它们沾染上了一种固定的内省和孤立。它暗示着爱、信任或控制的行为,反过来,又依赖于一个已经完全存在的自我;并为了这个自我之故,此种行为才得以发生。当怜悯指向外部,并对新的接触与接待张开心灵时,它就实现和创造了一个自我。自我怜悯就是使心灵隐退到自身之中,使它的主体不能从命运的打击中吸取教训。牺牲也许通过使后天获得的占有物,服从于新的成长要求而扩展了自我。自我牺牲则意味着一种自残,它要求以某种后来的占有物或放任为补偿。信心作为一种向外的行为,是直接而勇敢地去面对各种生活事实,并相信这些事实教导和支持着一个正在发展着的自我。终止于自我的信心则意味着一种自鸣得意的满足,这使得个人对事件表达出来的教导变得迟钝。控制意味着一种对扩展自我有益的资源的支配;自我控制则指一个正在紧缩的自我,使它本身聚集于它自己的成就上,并紧紧坚持着这些成就,因而阻止了当这个自我被慷慨地释放时所导致的成长;一种在道德上自觉的、对体育运动的爱好以某一器官不协调的增大而终止。

在所有这些事例中,差别之所在就是在一种被看作是某种已经形成的自我与仍然在通过行动而形成的自我之间的差别,在前一种情况中,行动必须向自我提供利益、安全或安慰;在后一种情况中,冲动性的行动就成为一种找寻一个仍处于可能之中而尚未实现的自我之探险,就成为一种创造一个比现存这一自我的内涵更丰富的自我之试验。只有那些目的是为了其他人的幸福或是利他主义的冲动才具有道德上的有效性这一观念,几乎就像自爱的主张一样,是一种片面的学说。然而,利他主义具有一种十分显著的优越性;它至少暗示着一种慷慨的友善行动,暗示着一种反对现成自我封闭的、禁锢的和保护性的氛围之力量的解放。

把所有的冲动都还原为自爱的各种形式是值得研究的,因为它提供了一个机会来探讨作为一个持续过程的自我。这种学说本身衰落了,因为它的拥护者们姗姗来迟。这种观念太乏味而不能吸引这样一代人的注意,他们已经体验过浪漫主义,并且因吸收工业革命所释放出来的力量之流而陶醉。今天时髦的统一,是遵照权力意志之名而进行的。

起初,这几乎只是所有活动的性质之名。每一种实现了的活动都以对条件的额外控制、以一种管理各种物体的方法而结束。执行、满足、实现和完成都是如下这一事实的名称,即一种活动暗示着一种完成,而这种完成只有通过征服环境以使其有助于取得成就,才是可能的。因此,每一种冲动或习惯都是一种它自己的权力意志。这样说,不过为一个人所共知的真理套上了一件比喻的外衣。它说的是当愤怒、恐惧、爱或憎恨在有机体之外引起某种变化,而这种变化是衡量它的力量和记录它的效验的标准时,它们才是成功的。其所取得的结果标志着行动与一种被禁锢的、消耗自身的情操之间的差别。眼睛渴望光明,耳朵渴望听见声音,手渴望触及表面,胳膊渴望抓到、投掷和举起事物,腿渴望行走,愤怒渴望敌人被毁灭,好奇心渴望某种在它面前令人颤抖和畏缩之物,爱渴望有一个伴侣,每一种冲动都要求有一个目标,而这一目标能使它起作用。如果在现实中否定一个目标,我们就会倾向于在想象中创造一个目标,就像病理学所表明的那样。

迄今为止,我们没有普遍的权力意志,而只有每一种活动固有的充分显现的压力。与其说它是对权力的一种需求,不如说是寻求机会去运用已经存在的权力。如果机会与需要相符合,那么,对权力的渴望就几乎不会出现:权力将被运用,而满足会自然而然地增长。但是,冲动会受到阻碍。如果条件适合于一种教育的发展,那么,遭受冷遇的冲动就会得以"升华"。这也就是说,冲动将成为某一范围更广、更复杂的活动中的一种有益因素;它在这种活动中将处于从属的地位,但却有实际的效果。然而,有时挫折阻止了活动,因而强化了这一活动。于是,就会产生一种无论以任何代价来获得满足的渴望。当社会条件是这样,以至于征服其他人的能力就是阻力最小的路径时,那么,这种权力意志就会盛行。

  这就解释了我们为什么把权力意志归于其他人而不是归于我们自己的原因,除了在我们是强壮的这一赞美意义上而自然希望运用我们的力量之外。否则,对我们自己来说,只需要当我们需要时的所需要之物,而不太在意获得这种所需之物时采用的手段。这种心理学是天真的,但它比假定有一个权力意志存在且本身就是一个单独的最初之物这一看法更接近于事实。因为它表明,实在的事实是某种现存着的权力需要发泄,而且只有当这种权力太软弱而不能克服阻碍时,才会成为自觉的。从传统来说,这种权力意志仅仅被归于相当少数有野心的、残忍的人。大体来说,他们很可能完全不知道任何这样的意志,他们只是受各种特定的强烈冲动所支配,而这些冲动很容易通过使其他人充当达到其目的的工具来实现其自身。我们主要是在那些有所谓自卑情结的人身上,以及那些通过给其他人以令人深刻的印象来弥补(儿童早期获得的)个人的缺陷感,从而反映出他们觉得他们的力量受到欣赏的人身上,才能找到自觉的权力意志。不得不在想象中发泄他的行动的作家,就比非常清晰地看到确定的目标并直接冲向目标的拿破仑，更有可能表现出一种权力意志。狂怒、责骂、软弱之人的固执、伟大的梦想、那些通常顺从的人的暴力举动，都是权力意志的日常标记。

对这种学说所包含的错误的简单化讨论，暗示了另外一种太过固定的和有限的分类。对现存经济体制进行批判的批评家们，已经把本能区分为创造性的本能和获得性的本能；而且，他们谴责了现存的秩序，因为这一秩序体现出来的，是以牺牲前者为代价的后者。这种区分是方便的，因为它概括了现存体制中的一些事实；然而却是错误的，因为它误以为社会产物就是心理学上的原初物。要言之，我们可以说，天生活动既是创造性的活动，又是获得性的活动。说它是创造性的，因为它是一个过程；说它是获得性的，则因为它通常以某一可触及的产物为终点，而这一产物又使它本身意识到这一过程。

就活动自身渐趋丰富，即活动引起各种进一步的活动而言，活动是创造性的活动。科学探究、艺术制作、社会友谊都十分明显地具有这种特征；其中的一些特征，是所有成功合作行动的一种正常伴随物。尽管从它之前就已经存在的东西的立场来看，它是一种完成；但从它之后的事物来看，它是一种自由的扩张。在这里，创造性的表达同持存着的并具有完成意义上的结果的产生之间没有对立。例如，最好的建筑物对大多数人来说，似乎比最好的舞蹈更加富有创造性，而不是更少创造性。在工业生产中，没有什么东西必然排除了创造性活动。活动终止于实际的功用这一事实，与一座桥的各种用途在其设计和建造的部分中排除创造性技巧相比，并没有更加降低自己的地位。需要解释的是：在这么多现代工业中，过程为什么如此确定地隶属于产品，即为什么强调后来的运用而不是现在达到的目的。答案似乎是双重的。

由机器来完成的经济劳动不断大量增加。通常,这些机器不在那些操作它们的个人控制之下。工人并没有参与到这些机器运转的目的的形成之中;而且,除了工资之外,他对这些目的也不感兴趣。工人既不理解这些机器,也不关心它们的目的。在他所从事的这种活动中,手段与目的、工具与其所达到的成果是分裂的。如爱默生所说,高度机械化的活动倾向于把人们变成蜘蛛和缝衣针。但是,如果人们理解他们所做的,如果他们明白整个过程,而他们特定的工作只是过程中必要的组成部分,如果他们关注和关心整体,那么,机械化的影响就会被抵消。可是,当一个人只是一台机器的照看者时,他就不可能有洞察力和情感;创造性的活动就根本是不可能的。

然而,对工人来说,仍然保存着的、与其说是获得性的欲望,不如说是对安全的热爱和对休息的渴望。在安全方面的过度重视,是由于工人不稳定的条件所致;对于休息的渴望,就它需要某种解释而言,是由于所做的工作缺乏文化因素,因而要求减轻辛苦乏味的工作所致。获得不是首要的目的,相反,这个过程的最终结果倒可能有害于对材料和产品的冷静关注;就其能被满足而没有削减周工资而言,会导致粗心大意的浪费。从正统经济学理论的观点来看,现代工业中最令人惊奇的事情,就是对于获得财富有明显兴趣的人的数量很少。这种对获得财富的漠视,对于一些确实想随意支配事物并垄断所积聚之物的人来说,使获得财富变得更加容易。如果一种获得性的冲动只是比它实际状况发展得更平稳和更真实,那么,事物就非常可能比它的实际状况更好。

即使就那些成功地积累财富的人而言,认为对他们大多数人来说,获得性除了控制这一游戏的工具之外,还起到了很大的作用,这一假定也是错误的。获得作为结果是必然的,但它不是因为对积累的热爱而出现的,而是源自如下事实,即如果没有大量的占有物,人们不可能有效地从事现代商业。热爱权力,渴望给人们留下深刻印象,渴望获得名望,渴望有影响,渴望表现能力,简言之,渴望在既定的体制条件之下获得"成功",这些都只是偶然事件。如果我们想为现代经济学的基础找到一种关于本能的神话式心理学,那么,最好应该发明出安全本能、休闲本能、权力本能、成功本能,而不依赖于一种获得性本能。我们还必须强调一种独特的运动本能。不是获得金钱,而是追逐和猎取金钱,这才是最重要的事情。获得在大型比赛中有其作用,因为在同等的情况下,即使是最具献身精神的运动员,也宁愿获得成功(bring home the fox's brush)。一种实际的结果是人们自我的标志,也是其他人在运动中获得成功的标志。

我们不应该截然区分在商业中显示出来的获得性冲动和在科学、艺术与社会交往中展现出来的创造性本能,相反,我们应该首先探究,在我们的时代为什么有这么多的创造性活动转向商业;然后询问,为什么在商业中运用创造性能力的机会仅仅限于这样少数一类人,即那些与银行业、市场营销业和投资管理业相关的人;最后询问,为什么创造性活动被扭曲为一种过度专门化的、通常是非人道的活动。因为,毕竟是创造的性质,而不是创造的纯粹事实,才是重要的。

工业的领导者们算是某种创造性的艺术家,而且工业过分地占有了现时代的创造性活动,这些都不能被否认。把一种获得性的动机仅仅归因于工业和商业的领导者们,这不仅会对他们的行为缺乏深刻的洞察,而且将失去改善这一条件的线索。因为在商业与其他职业之间更合理地分配创造性的力量,以及在商业中更人道地、更广泛地运用它,这都有赖于对实际起作用的各种力量的正确理解。工业的领导者们把制定长期计划、以研究为基础来大量综合各种条件、掌握精细而复杂的专业技能、控制各种自然力量和事件的兴趣,与对冒险、刺激和支配同胞们的热爱结合起来。当这些兴趣随着对所有奢华手段和所有展现手段的实际支配而不断加强,并获得来自于财富较少者的尊敬时,创造性力量就会大大适用于商业领域,而且为展现权力的机会所进行的竞争就将变得十分残忍,这不会令人十分惊奇。

正如我们所说的,战略性的问题就是去理解先前几个世纪社会的政治、法律、科学和教育条件如何以及为什么刺激和孕育了创造性活动这样一种片面的发展。从这种观点来着手解决这一难题,比从一开始就以获得性冲动和创造性冲动相区分的固定的二元论出发来解决这一难题更有希望,尽管从理智上看前者非常复杂。后者假定在人的最初组成部分中就有高级与低级的完全断裂。如果这是真实的,那就没有任何有机的治疗方法。唯一的方法,就是感伤地规劝人们不要沉迷于他们低等的物质本性所热爱之物。而且,如果这种呼吁的方法取得适度成功的话,那么,它所导致的社会结果就是有一种固定的阶级区分。尽管高等的"创造性"阶级致力于社会交往、科学和艺术,但仍然会有一个被自大的高等阶级所鄙视的低等阶级,由那些获得性本能仍十分强烈以及做生活所必需的工作的人们组成。

既然这种作为基础的心理学是错误的,那么,实际上,这一难题以及它的解决方法采取了一种完全不同的形式。最初的或本能的活动之数量是不确定的,而且它们根据所对应的情形而被融入兴趣与倾向之中。增加这些活动中的创造性阶段和人道性质,就是去改变刺激、选择、强化、弱化和协调各种天生活动的社会条件。处理这一问题的第一步,就是去增加详尽的科学知识。我们需要确切地知道每一种社会情形中的选择性力量与指引性力量;需要确切地知道每一趋向是被如何促进或阻止的。直到相信总的力量与实体的这一信念被抛弃时,我们才能开始大规模地且有意识地支配自然环境。对自然能量的控制,是由建立于微量元素之间特定关系的探究所导致的。否则,就不会有社会控制和调整。如果我们真的拥有了这种知识,那么,就有希望启动社会发明和实验工程的进程。对教育后果、影响习惯的因素以及每一种确定的人类交往形式的研究,都是进行有效改革的先决条件。

第十二章

没有单独的本能

NO SEPARATE INSTINCTS

尽管如上所述，人们仍可以断言：有确定的、独立的和原始的本能存在，这些本能以——相应的方式在特定的行为中表现了它们自身。有人会说，恐惧是一种实在，因而愤怒、对抗、喜欢支配别人、自卑、母爱、性欲、群居性和妒忌都是实在，而且各自都具有适合自己的行为作为结果。当然，它们都是实在。吸力（suction）、金属生锈、打雷、闪电和比空气轻的飞行器也都是实在。但是，只要人们沉迷于运用特殊力量的观念来解释这类现象，科学与发明就不会取得进步。人们尝试走那条路径，但它只会把人们引入有学识的无知之中。人们说过自然厌恶真空，说过有一种燃烧的力，说过趋于这或那的内在冲力，说过作为力量的重与轻。结果发现，这些"力量"不过都是现象，从一种特定而具体的形式（在这种形式中，它们至少是实存的）转变为一种普遍的形式；而在这一形式中，它们仅仅是口头上的东西。他们把一个难题转化为一种提供假装满足的解决办法。

　　只有当心灵完完全全地发生转变时，洞察力和控制才会获得进展。在研究者们逐渐开始明白他们所说的因果性力量不过是把各种复杂的现象压缩于一种完全相同的形式中的名称以后，他们把现象分解为细微的细节，并寻找它们之间的相关性，即寻找在其他也是变化多端的诸多现象中的要素。各种不同要素之间的一一相应，取代了巨大而给人强烈印象的力量。行为心理学只不过刚刚开始进行相似的处理。感觉心理学的流行可能就是由于这一事实，即它似乎允诺以一种同样详细的处理方式来对待个人现象。然而，到目前为止，我们倾向于把性欲、饥饿、恐惧，甚至是更为复杂的积极兴趣，都看作好像是整块力量，就像旧式自然科学中的燃烧或重力一样。

我们不难看出,在诸如饥饿与性欲这种比较简单的行为事例中,一个单一的、分离的倾向的观念是如何形成的。动力的发泄或释放的途径比较少,而且是相当明确地确定的。这很明显涉及特定的躯体器官。因此,这就暗示着相应地有一个单独的心灵力量或心灵冲动的观念存在。在这一假定中包含着两种错误。第一个错误在于忽视如下事实,即没有任何活动(甚至是被常规性习惯所限制的活动)被限制在最明显地包括在其执行中的渠道上。从某种程度上或某种方式上来说,整个有机体在每一行为中所涉及的,不仅有内部器官和肌肉器官,而且有循环的器官和分泌的器官等等。既然有机体的总体状态绝不可能两次完全相同,那么,饥饿和性欲的现象实际上绝不可能两次完全相同。为了某些目的,这种区别可以不被考虑;但是,为了心理分析将以正确的价值判断而结束,这种区别却提供了钥匙。甚至从生理学的角度来说,那种与饥饿或性欲行为相伴随的机体变化的背景,也对正常现象与病态现象进行了区分。

第二个错误在于,行为发生的环境绝对不是两次都相同的。即使有机体公开的冲动从实质上来说是相同的,这些行为所接触的环境也是不同的,因而产生出各种不同的后果。我们不可能把这些客观结果的区别看作与这些行为的性质无关。如果这些区别没有被清楚地看到,那么,它们也会立即被感觉到;而且,它们是这一行为的意义的唯一组成部分。当先前居于灵魂中的情感被认为是行为的原因时,人们自然就会假定每一种心灵要素都有其自己可以通过内省而直接了解的固有性质。但是,当我们放弃这种观念时,那么,很明显,能够告诉我们一种机体行为是什么样子的唯一方法就是通过它所引起的被感觉到的或知觉到的变化,其中一些变化是机体内的,而且(正如所表明的)它们将随着每一种行为而变化;其他的变化则是外在于有机体的,而且这些后果对于确定行为的性质比机体内的后果更加重要。因为它们是和其他后果有关的后果,不但引起一种更间接的合作性活动与抵抗性活动,而且引起有利与不利的反应。

大多数人所谓的自我欺骗,是由于用有机体当下的状态作为一种行为的价值标准所致。说感觉不错或者产生出直接的满足感,就是说它引起了一种舒适的内在状态。以这种经验为基础的判断,也许完全不同于其他人以它的客观后果或社会后果为基础所作出的判断。因此,甚至就最基础的防备而言,所有个人都学会意识到一种行为的性质在某种程度上是以它在其他人的行为中所产生的各种后果为基础的。但是,即使没有这种判断,一种行为所产生的外在变化也即刻会被感觉到,而且与这一行为联系起来,成为它性质中的一部分。甚至当一个幼儿看到由于他的愤怒偶然捣毁的事物时,这种捣毁作为一种价值的指针,也可以与他因释放精力而得以满足的情感相媲美。

大体而言,儿童是控制不住我们称之为愤怒的东西的。首先,愤怒被感觉到或意识到的性质取决于他的有机体的当时条件,而这种条件绝对不可能两次都相同。其次,这一行为立刻被它接触到的环境所修改,以至于各种不同的后果马上就反馈给行动者。比如,在一种情况下,愤怒针对的是年龄较大且较强壮的玩伴们,他们立即对冒犯他们的人进行报复,也许是非常残忍的报复;在另一种情况下,愤怒影响的是较弱而无力的孩子们,被反映出来和被意识到的后果则是一种成就、胜利、权力,是一种对为所欲为的手段的认知。认为愤怒仍然是一种单一的力量,这种观念是一种无力的神话学。即使就饥饿和性欲而言,行动的渠道完全被先前的条件(或本性)所限定,但饥饿与性欲的实际内容与感受会因其社会背景的不同而完全相异。只有当一个人正处于饥饿中时,饥饿才是一种无限制的自然冲动;当饥饿接近这一限度时,它就容易失去其心理特性,成为整个有机体的一种不祥之物。

精神分析学者对性欲的探讨是最富有启发性的,因为它既明显地展示了人为简单化所造成的后果,又展示了社会结果到心灵原因这种转变。有一些作家,常常是男性作家,大谈女性心理学,仿佛他们正在讨论的是柏拉图式的一般性实体,尽管他们习惯于把人看作是随着结构和环境而变化的个体。他们把目前是西方文明的特殊征候的那些现象,看作好像是人性中固定的天生冲动的必然结果。当前存在着的浪漫主义之爱,以及由它所引起的一切不同的心神不宁,就像带有涡轮机、内燃机和电力发动机的大型战舰一样,肯定都是特定历史条件的一种印迹。把后者看作是单一的心灵原因所引起的结果,就像把与现在的性关系相伴随的混乱与冲突归因于一种最初的、单一的心灵力量或利比多(Libido)的表现一样,是不明智的。在这一点上,马克思主义式的简单化至少要比荣格式的简单化更接近于真理。

再有,我们通常还假定有一个单一的恐惧本能,或者顶多有一些界定明确的恐惧亚种。实际上,当人们害怕时,他的整个人都会有反应,这一整体反应的有机体绝对不可能两次都相同。事实上,任何反应都发生在不同的环境之中,它的意义绝不可能两次都相同,因为环境的不同导致了后果的不同。只有神话学才会设定一种单一的、同一的心灵力量"引起"了所有恐惧的反应,那是一种始于自身并终于自身的力量。在任何情况下,我们都能辨认出某些或多或少有独立特征的行为——肌肉的收紧、退缩、逃避、隐藏,这是非常真实的。但是,在后面这几个词汇里,我们已经引进了一个环境,诸如退缩和隐藏这样的术语除非是作为对待物体的态度,否则就没有意义。没有诸如一般性的环境这样的事物,有的只是特定的、变化的物体和事件。因此,这种逃避、逃跑或退缩的发生就直接与特定的环境条件相关联。没有一种具有各种不同表现的恐惧;从性质上来说,有许多种不同的恐惧,就像有许多需要作出反应的物体以及有许多感知到并观察到的不同后果一样。

对黑暗的恐惧不同于对公开场合的恐惧,对牙医的恐惧不同于对幽灵的恐惧,对引人注目的成功的恐惧不同于对蒙羞的恐惧,对蝙蝠的恐惧也不同于对熊的恐惧。怯懦、困窘、谨慎和敬畏都可以被看作是恐惧的形式。它们都具有某些共同的身体器官的动作——那些器官收缩的动作,以及犹豫和退避的手势动作。但是,从性质上来说,每一种恐惧都是独一无二的。每一种恐惧都是由于它同其他行为、环境媒介、后果之间的相互作用或相关联之总和所致。高能炸药和飞机已经在行为中注入了某种新东西,把它称为恐惧没有错。但是,即使从有限的、客观的观点来看,如果允许具有分类作用的名称抹煞对从空中投掷下来的炸弹的恐惧与先前就已经存在的恐惧之间的区别,就是错误的。这种新的恐惧,就像一个儿童对陌生人的恐惧一样,其原始和天生的程度不多也不少。

任何活动当它第一次发生时,都是原初的(original)。随着条件不断地变化,崭新而原始的活动就不断地发生着。传统的本能心理学没有清楚地意识到这个事实,它设定了一个包括特定行为的严格而预定的种类,以至于这些行为自己的性质和独特之处(originality)都从人们的视野中消失了。这就是为什么小说家和戏剧家在行为问题上比图式化的心理学家更有启发性和更吸引人的原因。艺术家使个别的反应能够被人们所知觉,因而他展示出一种由新情形所引发的人性的新方面。艺术家通过以戏剧的方式和可见的方式来言说这一情况,从而揭示出富有生命力的现实性。而科学的体系化者(scientific systematizer)却把每一种行为看作只是某一古老原则的另一个实例,或看作是从一个现成的清单中取出的各种要素的机械结合。

当我们意识到天生活动的多样性,以及这些活动通过彼此之间的相互作用,以适应不同状况的不同方式的时候,我们就能够理解一些道德现象,否则它们会令人困惑。一般来说,在任何冲动性活动的过程中,都有三种可能性。它可以找到一种汹涌澎湃的、爆炸性的释放途径——盲目而缺乏理智;也可以被升华——即在连续行动的过程中,成为一种理智地与其他因素相协调的一个因素。于是,一股愤怒由于它动态地融入倾向中而转变为一种坚定的信念,即深信社会的不公正将被救治;而且,它也为把这种信念付诸实践提供了动力。或者,一种性吸引力所带来的兴奋也可以再现于艺术之中,或再现于宁静的家庭依恋或家务之中。这样一种结果,表示出冲动的正常的或值得欲求的功能;在这种功能中,用我们前面的话来说,冲动起到的是枢纽的作用,或重新组织习惯的作用。或者,一种被释放出来的冲动性活动也许既没有直接表现在孤立的、时断时续的行动中,又没有间接地运用到一种持久的兴趣中去。它也许受到了"压抑"。

压抑不是彻底消灭。"心灵的"能量和我们看作自然形式的能量一样，都不能被消除。如果它既不爆发，又不被转化，就会转而去过一种秘密的地下生活。一种孤立的、时断时续的表现，是一种不成熟、粗鲁和野蛮的标记；一种被压抑的活动，是所有理智上和道德上的反常（pathology）之原因。由此所致的反常的一种形式，构成了历史学家所说的反动（reaction）意义上的"反作用力"（reaction）。传统上众所周知的例子，是斯图亚特在清教式的禁欲之后的放纵。一个著名的现代例子，是由于强制经济和艰辛的战争而引起的挥霍无度的狂欢，在十分敏感而高尚的理想主义之后的道德滑坡，以及在高度集中的注意之后的故意疏忽。许多正常活动的外部表现都曾经受到压抑；但是，活动并没有受到压抑，它们只是由于受到了阻碍而在等待时机而已。

现在，这样的"反作用力"不但是连续的，而且是同时发生的。求助于人为的刺激、嗜酒、性放纵、鸦片和麻醉剂都是例证。在通常有益的活动或休闲娱乐过程中没有被表现出来的冲动和兴趣，都要求并确保一种特殊的表现。十分有趣的是，我们注意到有两种对立的形式。一些现象是忙于日常单调的、并伴随以疲劳与苦难的乏味生活的人们所具有的特征，而其他现象则在那些有理智的和执行能力的人们身上找到，这些人的活动决不是单调乏味的，但因为过度的专门化而变得狭隘。这类人总是想很多，即按照一种特定的思路想很多。他们负载着如此沉重的责任，即其他人没有充分地分担他们的服务职责。他们逃入一个更友善而随和的世界，以寻求解脱；在正常活动中得不到满足的对同伴之谊的必要需求，通过沉迷于宴饮交际而得到满足。另一类人则求助于无节制（excess），因为它的成员们在日常职业中几乎没有想象的机会。他们尝试进入一个富有色彩的世界中，以代替正常的发现、计划和判断活动。由于没有常规的责任,他们寻求通过人为地高扬他们低下而屈辱的自我来恢复一种关于潜能和社会认可的幻觉。

因此,道德学家们已经提出如此之多的警告来抵制对快乐的热爱。热爱快乐本身没有任何道德败坏之处。热爱精神愉快与同伴之谊的快乐,是行为中一种稳定的影响。但是,快乐常常等同于特殊的震颤、激动、感官的愉悦,以及为了表达享受与结果无关的直接刺激这一明确目的的意欲的骚动。从字面意义来看,这样的快乐就是放荡、荒淫的标志。一种被剥夺了常规刺激与正常功能的活动,成为孤立的活动,而结果就是分裂与分离。一种常规的生活与一种按非常规性的方式过度专门化的生活都在寻找机会,通过非正常的手段来引起一种无任何客观实现伴随的满足感。因此,就像道德学家们已经指出的,这样的意欲具有贪得无厌的特征。各种活动没有获得真正的满足,而满足只有在物体中才会实现。它们继续在更强烈的刺激中寻求满足,结果就产生出从纵情狂欢到温和狂欢的各种寻求快乐的放荡方式。

然而,我们不能因此推导出,获得满足的唯一办法就是通过客观上有用的行动,即引起环境的有益改变的行动。有一种关于自然的乐观理论,认为只要有自然规律,就会有自然和谐。既然人和世界都被包括在自然规律的范围之内,我们就可以推断:在人的活动与环境之间存在着自然和谐;只有当人沉湎于"人为地"偏离自然时,这种和谐才会被扰乱。根据这种观点,所有人必须做的就是在他们的工作与环境的能量之间保持平衡,他们因而将是幸福而有效率的。在有益的工作形式的恰当转变中,他们能找到休息、休养和减轻痛苦的途径。如果做环境表明需要做的事情,那么,权力的成功、满足和恢复就将满足他们。

这种关于自然的仁慈观点,赞同一种为了工作自身之故而工作的清教徒式的虔诚,并导致对娱乐、游戏和消遣的不信任。它们被认为是不必要的;而更糟糕的是,被认为是从有益的行动之途同时也是义务之途的危险偏离。社会条件当然影响了各种职业,这些条件现在成了一种疲劳、疲惫和辛苦而令人讨厌的不适宜的要素。因此,有益的职业是如此具有社会秩序,以至于吸引了思想,满足了想象,补偿了压力的影响;这些职业必定会引入一种现在正缺乏的安静和消遣。但是,我们有充分的理由认为,即便在最好的条件下,在环境的必然性与人"天生的"活动之间也有非常多的失调之处,以至于限制与疲劳总是与活动相伴随,并且需要特殊的行动形式——即被意味深长地称为消遣娱乐的形式。

因此,游戏、精美的或虚假的艺术——即从有益的艺术观点来看是虚假的活动的重大道德意义,被环境的需求所强化。当道德学家们没有用吹毛求疵的眼光来审视游戏和艺术时,他们常常因承认这些游戏和艺术在道德上是中立的或清白无辜的,从而认为自己对它们达到了宽容的顶点。但实际上,它们是道德的必然性。它们被要求去处理存在于所有需要发泄的冲动和在常规行动中消耗的冲动之间的差额。它们保持着工作所不能无限维持的平衡。它们被要求把变化、灵活性和敏感性引入倾向之中。然而,从整体上看,在戏剧、小说、音乐、诗歌和报纸等各种形式中,这种关于游戏(sport)的人性化能力一直受到忽视。它们被置于一种道德真空之中。它们已经实现了它们的部分功能,但还没有做它们能够做的事情。在许多情况下,它们就像那些已经提到的人为的、孤立的刺激一样,仅仅作为反作用力而起作用。

游戏和艺术有一种不可或缺的道德功能,它们应该受到一种如今被否定了的关注,这种看法引起了直接而强烈的抗议。我们没有提到那种源于职业道德学家们的观点,对他们来说,艺术、乐趣和游戏习惯性地受到质疑。对于那些对艺术感兴趣的职业美学家来说,他们甚至将更为卖力地抗议。他们认为,可以想到的某一有组织的监督如果不是对游戏、戏剧和小说的审查,这一监督就将把它们转变为道德教化的手段。如果他们在这种所谓的公共道德兴趣中没有想到康斯托克式①的干预,那么,他们至少也会想到,目的就是通过清教徒式的、缺乏艺术性情的个人来清除所有被认为不是非常严肃而高尚的事物,其目的不是为了艺术而培养艺术,而是作为通过某物有益于某人的手段来培养艺术。人们对在艺术中注入一种严肃的振奋精神和使艺术服从改革者有一种天然的恐惧。

但是,这也意味着某种与此完全不同之物。从连续的道德活动——在传统意义上的道德活动——中解脱出来,本身就是一种道德上的必然。艺术和游戏的作用,是以那些完全不同于在日常活动中运用和占有它们的方式来吸引并释放冲动。它们的功能是预先阻止和矫正通常对活动甚至是"道德"活动的夸大与贬低,而且防止注意力定型。说社会完全忽视了艺术的道德价值,并不等于说忽视有益的职业对艺术是不必要的。相反,任何事物如果剥夺了游戏与艺术本身无忧无虑的狂喜,就会因此剥夺它们的道德功能。于是,作为艺术的艺术,自然就会变得十分贫乏,在相关

---

① 康斯托克(Anthony Comstock,1844—1915),美国道德改良运动的领导者,他成立了纽约不道德行为查禁会,倡导反对伤风败俗的文艺作品。——译者

的道德职责方面同样会变得不太奏效。它努力去做其他能够做得更好的事,而没有去做那些唯有它本身才能做的适于人性、缓解僵化、消除疲惫、减轻痛苦、驱除抑郁、摧毁由专门化所导致的狭隘等此类事情。

即便以这种否定的方式来叙述这一问题,艺术的道德价值也不能够被贬低。艺术有一个更为积极的功能。游戏与艺术为生命的活动增添了新鲜和更深刻的意义。与把艺术庸俗地贬低为从严肃角度来看是一种无价值的附属物相比,更正确的说法是:目前在严肃职业中发现的大多数意义,并不是源自直接有用的活动,而是逐渐在这些活动转变为客观的有益的运用中,找到了它的表达途径。因为它们的自发性以及从外在必然性的束缚中解放出来,使它们增加并激发了意义,而这在全神贯注于当下的需要时是不可能达到的。稍后,这种意义被转化为各种有用的活动,并成为日常活动中的一部分。因而,当说艺术与游戏有一种没有被充分利用的道德职责时,我们就是在断言,它们对生命、对丰富和释放生命的意义负有责任;而不是在断言,它们对一种道德规范、戒律或特殊的任务负有责任。

从粗俗的观点来看——而且,声称的道德高尚常常是从粗俗的观点来看的——不仅在求助于非正常的人为的兴奋与刺激中,而且在对无用的游戏与艺术的兴趣中,有着某种粗鄙之物。从消极的方面来看,这两种事物有着相似的特征。它们都源于各种常规职业不能以一种灵活而平衡的方式来吸引所有的冲动与本能。它们都表现出一种高于事实的想象力的过剩;在想象的活动中,需要一种在公开活动中被否定的发泄方式。它们的目标都是要减低无聊的支配性,都是反对降低与日常职业相伴随的意义。结果是不能制定规则,以通过直接检查的方式来区分不健康的刺激与提升生命价值的珍贵涉猎。它们的区别就是它们起作用的方式,就是它们使我们去从事的各种职业。

艺术释放了精力,聚焦于精力并使其变得安静。它以建构的形式释放了精力。像艺术一样的空中楼阁之根源,在于冲动厌恶有用的生产。它们都是由于在人的构造的某一部分中不能确保以日常的方式得到实现而引起的。但是,在一种情况下,把当下的精力转变为想象力,这是一种塑造质料的活动之起点;想象以一种生命材料为养料,这一生命在其影响下,采取一种返老还童、泰然自若、不断增强的形式。在另一种情况下,想象仍然是一个目的本身,它沉溺于导致逃避一切现实的幻想之中,尽管各种在行动中无力的希望建构了一个产生出暂时兴奋的世界。任何想象都是一种冲动受到阻碍并正在寻求发泄途径的标志。有时候,结果是一种焕然一新的有用的习惯;有时候,它是创造性艺术中的一种精巧构思;有时候,它是一种无用的虚构,这种虚构之于一些本性,就像自怜之于其他本性一样。在一种没有表达出来的幻想中所消耗的潜在的、重新建构的精力之数量,给我们提供了一种公正的衡量方法,以衡量当前的职业组织阻碍并扭曲冲动所达到的程度;同样,也提供了衡量这种还没有被利用的艺术功能之法则。

达到了需要临床观察地步的心理病理学的发展,最近强化了对被压制的冲动产生出来的恶果的普遍意识。精神病学家们的各种研究已经表明,被驱赶入口袋的各种冲动滴出毒液,并引起了溃烂的脓疮。把冲动组织成一种有效的习惯,就形成了一种兴趣。那种不是在公开表达中详细阐明的偷偷摸摸、鬼鬼祟祟的组织,便形成了一种"情结"。当前的临床心理学无疑过度强调了性冲动在这种关系中的影响,并且在一些作家那里拒绝承认任何其他形式的扰乱作用。人们对这种片面性有各种解释。性本能的强度以及它的有机衍生物(organic ramification)产生出许多病例,它们是如此显著以至于需要医生们给予关注。社会禁忌与保守秘密的传统,已经给这种冲动施加了比其他冲动更大的压力。如果在一个社会中,对食物的冲动被否认,以至于它被迫过一种非法的、暗地里生活的话,那么,精神病医师们就会得到许多与饥饿相关的心理失调与道德失调的病例。

源于性本能的病理学,为一种普遍性原则提供了一个显著的例子,这是一件意味深长的事情。所有冲动就现状而言,都是力量与紧迫之事。它要么必定被用于某种直接或升华了的功能上,要么必定被驱入一种潜伏而隐秘的活动中。长期以来,人们一直基于经验认为压抑和奴役导致了堕落与倒错。最终,我们发现了这一事实的原因。学术自由、公开敌对和公共宣传之有益的拯救性力量,现在都具有了科学许可的印记。阻碍冲动的害处,并不是这些冲动受到了阻碍。如果没有禁止,就没有想象力的产生,就不会重新导向更有辨别力的和更广泛的活动。错误在于没有给予直接关注,这样就迫使冲动伪装和隐蔽起来,直到它可以实施自己没有公开承认的、不安的秘密生活而不受任何检查和控制。

反叛的倾向也是浪漫主义的一种形式。至少反叛者是作为浪漫主义者,或者用流行的用语来说,是作为理想主义者而开始的。没有比意识到无能更痛苦的事情了,那是一种令人完全窒息的压抑感。对于没有希望的人来说,这个世界是毫无希望的。完全绝望所导致的愤怒,是一种向着盲目破坏的徒劳努力。部分压抑在一些本性中勾画了一幅完全自由的图画,尽管它引起把现存制度视为妨碍自由的敌人那样一种毁灭性抗议。与求助于人为的刺激和下意识地护理溃烂的伤口相比,反叛至少有一个优点:它忙于行动之中,而且与现实相关联;它包含着了解某物的可能性。然而,通过这种方法去了解是非常浪费的,其代价是极大的。正如拿破仑所说,每一次革命都是以一种恶性循环的方式来进行的,它的开始和结束都是没有节制的。

把制度看作自由的敌人,把一切社会习俗看作奴役,是对能够确保行动的积极自由的唯一手段之否定。冲动的普遍解放也许会使一直停滞不前的事物活动起来,但是,如果被释放出来的力量处于通往任何事物的途中,它们就既不知道路径,也不知道去往何处。确实,它们必定会相互矛盾,因而是破坏性的——不仅对它们希望摧毁的习惯,而且对它们自己、对它们自己的效能,也都是破坏性的。社会习俗与风俗对促使冲动达到任何幸福的结果来说,都是必要的。浪漫地转向本性,以及不考虑现存的环境而在个体中寻找自由,这些都会以混乱而结束。相反,每一信念都把关于现实的悲观主义观点,与一种甚至更乐观地信仰这一或那一自然和谐的信念——这种信念是某些声称要被清除的传统形而上学与神学的残存物——结合起来。自由的敌人不是社会习俗,而是愚蠢而僵化的社会习俗。而且,正如我们已经注意到的,只有通过某种其他的风俗对冲动施加影响,社会习俗才能被重新改组并使之活动起来。

然而,建构性行动优于毁灭性行动这种老生常谈,是很容易说的。无论如何,自称为传统的保守主义者与古典主义者都在寻找便宜的方式来战胜反叛。因为,反叛者不是自己产生的。起初,没有人仅仅为了革命的乐趣而成为一名革命家,尽管在破坏性的力量所造成的骚乱开始之后,他们可能会如此。反叛是极端固执和不明智的静止的产物。只有通过更新,生活才能变得不朽。如果条件不允许连续不断地进行更新,它就将以爆发的方式来进行。革命的代价必须由那些为了自身的目的限制风俗而不是重新调整风俗的人来负担。唯一有权利批判"激进分子"——暂时采取那种把激进分子和破坏性的反叛者等同起来的误解性语言——的人,就是那些像反叛者竭力去破坏一样,努力重新建构的人。对革命者的首要指控,必须是直接反对那些有权力但拒绝将权力用于改良的人。他们是一些积聚愤怒的人,而这种愤怒以一种不加区别的风暴涤荡了各种风俗与制度。一个应该对制度进行批判的人,常常把他的精力花费在批判那些改革制度的人身上。他真正反对的,是他自己既得的安全、舒适和特权受到任何干扰。

第十三章 冲动与思想

IMPULSE AND THOUGHT

让我们重新返回到最初的命题,即冲动在行为中的位置是中介性的。道德是为了在特定情形下显示冲动而找到的一种更新和恢复活力的作用之企图,这种企图很难实现。比较容易实现的,是使行动和信念主要的和公共的渠道服从于变化缓慢的风俗,并且由于在情感上依恋于传统的安逸、舒适和特权而把传统加以理想化;但不是通过使传统与当下的需要之间保持更稳定的平衡,在实际上把传统加以理想化。再者,没有被用于恢复活力和生命力的冲动能够被转变,以找到它们自己的、非法的残忍之途,或找到它们自己的情操高尚之径。或者,这些冲动被扭曲到病态的路向上——其中的一些,我们已经提及。

随着时间的流逝,风俗因其压迫性而变得令人难以容忍;而且,某种偶然的战争或内部大灾,使冲动以不受限制的方式被释放出来。在这样的时刻,我们获得了把进步等同于运动、把盲目的自发性等同于自由的哲学;而且,这些哲学在神圣的个性或重返自然准则的名义下,使冲动成为其自身的一种法规。当保守主义时代与革命热情交替出现之时,我们可以非常明显地看到,冲动在被囚禁、冷冻于僵化风俗里还是被孤立而没有被引导之间摇摆不定。但是,这种相同的现象在个体中被小规模地重复着。在社会中,这两种趋向与哲学是同时并存的;它们在引起争论的冲突中,消耗着特定的批评和重构所需要的精力。

所贮存的冲动的部分释放是一个机会,而不是一个目的。从它的起源来说,这种释放是机会的产物;但又为想象和发明提供了它们的机会。被释放的冲动的道德关联项不是直接的活动,而是对运用冲动去更新倾向和重组习惯的方式的反思。逃脱风俗的控制,提供了用新的方法去做过去事情的机会,因此,提供了构造新的目的和手段的机会。风俗凝结的外壳上的裂缝释放了冲动;但是,找到运用冲动的方法则是理智的事情。要么让一只船在这个港口抛锚,直到它变成一只腐烂的废船;要么让它随着每一反方向的风漂流。发现并界定这种选择是心灵的事情,是善于观察、记忆和设计的倾向所处理的事情。

作为一种有生命力的艺术习惯,取决于习惯被冲动所激发的生气;只有这种令人激动之物,才能处于习惯与迟钝之间。但是,艺术无论是伟大的还是渺小的,无论是不出名的还是因尊贵的名称而著名的,都不能被临时拼凑。如果没有自发性,那么,艺术是不可能的;然而,艺术又不是自发性的。对于唤起思想、引起反思、激活信仰来说,冲动是必需的。但是,只有思想注意到了障碍、发明了工具、想到了目标、引导着技术,因此,它把冲动转变为一种存于物体之中的艺术。在每一习惯受到阻碍的时候,思想天生就是冲动的孪生兄弟。但是,如果没有养料,思想很快就会消亡,而习惯与本能仍然继续着它们之间的内战。在青年人忽视环境的限制这种趋向中,有着本能性的智慧。只有如此,他们才能发现他们自己的能力,才能了解不同环境限制之间的差异。但是,这一发现一旦完成,就标志着理智的诞生;随着理智的诞生,成年人观察、回忆和预测的责任就接踵而至。所有的道德生活都有它的激进主义倾向;然而,这种激进的因素不是在直接的行动中,而是在比传统或直接的冲动走得更远的理智的勇气中得以充分表达。现在,让我们把注意力转向对理智在行动中的作用的研究上。

第三部分 理智在行为中的地位

THE PLACE OF INTELLIGENCE IN CONDUCT

第十四章　习惯与理智

HABIT AND INTELLIGENCE

在讨论习惯与冲动时,我们已经反复遇到了必须提及思想的作用之类的主题。除非通过把这些偶然提到的主题收集起来并重新肯定它们的意义,否则,明确地考察理智在行为中的地位与作用几乎是不可能的。因而,被冲动所激励的反思性想象,它对已经确立起来的习惯的依赖,以及它在改变习惯和调节冲动上所产生的效果,构成了我们的第一主题。

习惯是理智发挥效能的条件。习惯以两种方式影响理智。显然,习惯限制着理智的范围,并确定理智的阈限。习惯是把心灵之眼限制在前面路途之上的障眼物。习惯禁止思想从它当下所从事的活动中偏离出来而进入一个更复杂、更生动但与实践无关的视域之中。在习惯的范围之外,思想在混乱的不确定性中摸索前行;然而,在常规中逐渐完成的习惯是如此有效地监禁着思想,以至于思想不再是必需的或可能的了。墨守成规者的道路,是他无法跳出的壕沟;壕沟的边沿禁锢着他,并且如此彻底地指引着他的路线,以至于他不再去思考他的路途或目的地。一切习惯的形成都包含着一种理智性专门化的开始,如果这种理智性的专门化没有被约束的话,它就会成为无思想的行动。

十分值得注意的,是这种完全达到的结果被称作心不在焉。刺激与反应机械地连接在一根不断的链条之中。每一个由之前的行为很容易引起的后续行为,都推动着我们自动地进入一个预先决定的序列里的下一个行为之中。只有遇险求救的信号旗,才会把意识召回到它正在进行的工作之中。幸运的是,引领我们走上这条阻力最小之路的本性,也在我们完全接受它的邀请之途中设置了各种障碍。取得一种无情而枯燥的行为效能的成功,被不利的环境所阻碍。即使是最熟练的才能,有时也会碰到意外,从而陷入麻烦之中;而只有观察和发明,才能摆脱这种麻烦。因此,遵循通常道路的效能就不得不转变为开辟一条穿过陌生地带的新路。

尽管如此,实际上,对舒适的热爱已经在道德上伪装成了对完满的热爱。一个功成名就的目标已经被设定,要是达到了这个目标,那只不过意味着它是一种愚蠢的行动。人们一直把它称为完全自由的活动,而实际上,它只是一种单调的活动,或不过是在一个地方原地踏步罢了。人们已经意识到,在所有方面同时达到这样一种"完满",实际上是不可能的。尽管如此,人们已经把这样的目标视为理想,而且进步就被定义为是对这一理想的接近。这一理想在不同的理智背景下,采取了各种不同的形式和风格。但是,所有这些理想都包含着一种已经完成了的活动和静态的完满的观念。欲望与需要已经被看作是缺乏的标记,努力则被看作是对不完满的证明而不是对力量的证明。

在亚里士多德那里,这种观念,即一个穷尽了所有现实性并排除了所有潜能性的目的,似乎就是最高的完善(excellence)的定义。它必然会排除所有的需要、奋斗和所有的依赖性。它既不具有实践性,也不具有社会性。除了沉浸于它自身自给自足的、自我循环的思想之外,就没有什么了。一些东方道德已经把这种逻辑与一种更深刻的心理学统一起来,并看到这条路的终点就是涅槃,即摒弃所有的思想与欲望。在中世纪的科学中,这一理想作为对只有被拯救的不朽灵魂才可达到的天堂般的极乐之定义而再次出现。赫伯特·斯宾塞距离亚里士多德、中世纪的基督教和佛教非常遥远,但在他关于进化目标的观念中,即在有机体适应环境是彻底的和最终的观念中,这一观念重新出现了。在通俗的思想中,这一观念存在于对一种遥远的、达到状态的模糊认识中,在这种达到状态之下,我们将超越"诱惑",而且美德将因它自己的惯性作为一种胜利的圆满实现而持续存在下去。即使是以完全蔑视幸福为开端的康德,也是以美德与喜乐的一种永恒的、不受干扰的合一这一"理想"而结束的,尽管在他那里只承认一种象征性的接近才是可行的。

同一观念这些不同版本中的谬误,也许是所有哲学谬误中最普遍的谬误。它是如此普遍,以至于有人质疑它是否可以不被称为这种哲学上的谬误。这一谬误就是假定,凡在一些条件下被发现是真实的东西,立刻就可以被宣布为普遍的或没有限制和没有条件的。一个口渴的人,只有在喝水时才会得到满足,所以他最大的快乐就是被淹死。由于任何特定奋斗所取得的成功都可以通过达到无阻碍的行动(frictionless action)来衡量,所以就会有一个无所不包的目的这种东西;而这一目的,是通过无尽地持续下去的毫不费力、畅通无阻的活动所达到的。人们已经忘记了,成功是一种特定努力的成功,满足是一种特定需求的实现,以至于当把成功和满足同需要和奋斗割裂开来,或者当它们被普遍地理解时,它们就会变得毫无意义,因为所谓成功与满足恰恰就是需要与奋斗的圆满实现。关于涅槃的哲学最有可能承认这一事实,但即便是这种哲学,也认为涅槃是值得欲求的。

然而,习惯不仅仅是思想的一种限制。习惯之所以成为否定性的限制,是因为它们最初是动因(agency)。我们的习惯越多,观察和预料的可能范围就越广。习惯越灵活,知觉就越能在它的区分中得以精细化,并且由想象所引起的表象就越精致。从理智上来说,水手在海上会觉得很安闲,猎人在森林中会觉得很安定,画家在他的画室中会觉得很自在,从事科学研究的人则在他的实验室中才觉得无拘无束。这些老生常谈,在具体情况中被人们普遍地意识到;但在当前流行的关于心灵的一般性理论中,它们的意义却被弄得模糊不清,其真实性也被否定了。因为它们恰恰意味着,在运用生理倾向过程中所形成的习惯,是观察、回忆、预见和判断的唯一行动者;而认为有一个一般性的心灵、意识或灵魂来实施这些活动的看法,是一种神话。

关于单一、简单和不可分解的灵魂的学说,无法认识到各种具体的习惯是知识与思想的手段这一观点的原因和结果。许多人认为他们自己被科学所解放,并且为了一种迷信而自由地倡导这种灵魂,从而把一种关于谁知道即一个单独的认知者的错误观念永恒化了。今天,他们通常专注于作为一种流动、过程或实体的一般性的意识,否则,就会更具体地专注于作为理智工具的感觉和影像。或者,有时候,他们认为,通过浮夸式地注意到作为认知关系中一项一般性的形式上的认知者,他们已经测量出实在论的最终高度;他们认为,通过驳斥同知识和逻辑无关的心理学,把已经用魔法召来的心理学魔鬼隐藏了起来。

现在,有人武断地认为,在现时代的心理学中,将没有场所、行动者或载体这样的概念。具体的习惯做了所有知觉、认识、想象、回忆、判断、思考和推理的活动所做的工作。"意识"无论是作为一种流动,还是作为特定的感觉和影像,都表现了习惯的各种功能,表现了习惯的形成、运转、中断和重组这些现象。

然而,习惯并不能自发地认识,因为它无法自发地停下来去思考、观察或回忆。冲动也无法自发地进行反思或沉思,它只是任它去。习惯自己太有组织性、太坚定和太确定,以至于不需要沉迷于探究或想象。而冲动却非常混乱、喧嚣和无序,以至于即使它想去认识,它也无法去认识。习惯本身过于确定地适应于一种环境,以至于不能对它进行考察或分析;而冲动与环境的关系是如此不确定,以至于它不能报道关于这种环境的任何情况。习惯综合、命令或控制着客体,但它并不认识这些客体。冲动则以其永不停止的骚动来分散和消除这些客体。习惯与冲动的某种精妙的结合,是观察、记忆和判断的先决条件。那种不从黑暗的未知领域展现出来的知识,居于肌肉之中而非意识之中。

诚然,可以说我们是依靠习惯而知道怎样的。而关于知识的实际功能的一种明智的启发,已经使人们把一切后天获得的实践技能,甚至把动物的本能与知识等同起来。我们走路和大声朗读、上下电车、穿衣服和脱衣服,并且,我们做了成千上万种有用的行为而没有去思考它们。我们知道某些事情,即如何去做这些事情。柏格森的直觉哲学不过就是详尽地以文献资料证明的方式,去评论鸟儿凭本能就知道如何筑巢和蜘蛛凭本能就知道如何织网这样的通俗观念罢了。但最终,除非出于礼貌的原因,否则,习惯和本能在确保迅速而确切地适应环境时所做的实际工作就不是知识。或者,如果我们选择把这种工作称为知识的话——而且没有人有权利颁发相反的谕旨——那么,也被称作知识的其他东西,比如事物的知识和关于事物的知识、事物是如此这般的知识、包含反思和有意识的评价的知识,就仍然是一种无法解释和描述的不同种类的东西。

说一种习惯的效验越文雅,它起作用的方式就越无意识,这是一种老生常谈。只有当它在运转中遇到故障时,才会引起情绪和激发思想。尽管卡莱尔(Carlyle)和卢梭(Rousseau)在性情和观点上相互敌对,但他们却一致地把意识看作是一种疾病,因为只要身体的或心理的器官非常健康地正常运转,我们就不会意识到这些器官。然而,如果我们并没有非常悲观地把一个人在适应环境时所做的一切调节中的每一个错误都看作是某种不正常行为的话,那么,除了这一点以外,这种关于疾病的观念就是一种再次把健康与完美的机械行为等同起来的观点。真实的情况是:在一切清醒的状态下,有机体与其环境之间的完全平衡经常被打断,就如同这种平衡经常被重新恢复一样。因此,一般性的"意识流"与它的特定阶段被威廉·詹姆斯赞扬为飞翔与栖息的交替。生命是中断与重新恢复。在一个个体活动中连续的中断,是不可能的。缺乏完美的平衡,并不等同于对组织好的活动的一种完全打碎。当干扰达到这样一种程度时,自我就会土崩瓦解,就像弹震症(shell-shock)一样。正常而言,环境与被组织好的活动的总体充分保持着和谐,以保证这些活动的大多数能够发挥积极的作用。但是,环境中一种崭新的因素释放出了某种冲动,这种冲动倾向于开始一种不同的、不相容的活动,从而在那些已经分别是主要的和次要的活动之间,重新分配被组织好的活动中的各种要素。因此,被眼睛所指引着的手就会向着表面移动,视觉是主导要素,手会触及客体。尽管眼睛并没有停止转动,但某种未预料到的触摸的性质,即一种肉感的光滑或令人烦躁的热,会迫使人进行重新调整;而在这一重新调整中,这种用手触摸的、用手拿的活动就会努力去支配这一行动。现在,在活动转变的这些时刻,有意识的情感和思想就出现了并被强调。这种在有机体与环境之间受到干扰的调整,反映在以旧习惯与新冲动达成一致而结束的一种暂时性的冲突上。

在这一重新分配的时期里,冲动决定着运动的方向。它提供了重新组织所围绕着的核心。简言之,我们的注意力总是被引向前方,以注意到即将发生的但至今尚未给予关注的事物。冲动界定了凝视、寻找和探求。用逻辑语言来说,这是进入未知领域的运动,但不是进入非常无意义的整个未知领域而是进入那个特殊的未知领域,即当偶然进入该领域时,就会恢复有序的、统一的行动。在这种寻找过程中,旧习惯提供了令人满意的、可填补的、确定的、可识别的主要内容,它以我们正在朝向的模糊预感为开端。当组织好的习惯确定地被运用并被集中时,这种混乱的情形就发生了转变,理智的基本功能就是"消除"这种情形。过程就变成了目标。如果没有习惯,就只会有愤怒和含混的犹疑;如果单单具有习惯,就只会像机器一样重复和像复制一样再现以前的行为。只有在习惯与冲动的释放之间发生冲突时,才会出现有意识的寻找。

第十五章 思维心理学

我们正在远离任何直接的道德问题。但是,知识与判断在行为中的地位这一难题,取决于我们是否能弄清关于思想的基本心理学。因此,我们必须继续探讨下去。我们把生命比作一位正要动身去旅行的旅行者,可以认为:最初,他的活动在某一时刻是确信的、简单的和有组织的,前进时没有直接注意自己所走的路径,也没有思考要去的目的地。突然,他受到阻拦而停止,在他的活动中发生了某种错误。从一名旁观者的角度来看,他遇到了一个障碍,这一障碍必须在他成功地继续前进之前被克服。从他自己的角度来看,出现了震惊、混乱、焦虑和不确定。正如我们所说的,他暂时不知道什么东西阻碍了他,也不知道他正在往何处去。但是,激起了一种新的冲动,这种冲动成了研究、调查事物,试图了解这些事物,并弄明白正在发生什么事情之起点。当受到干扰的习惯聚集在冲动的周围去观看和了解时,它们便开始得到一种新的指引。被阻碍的运动习惯告诉他,他曾经打算去往何处,他已经开始去做的事情和他已经走过的土地的某种感觉。当他观看时,他就看到了确定的事物,而这些事物不仅仅是一般性的事物,而且是与其行动路线相关的事物。他所从事的活动的契机作为一种方向感和目标感持续存在着,这是一种预期的计划。简言之,他在回忆、观察和计划着。

这些预测、知觉和回忆的"三位一体",构成了有区分且可以识别的对象之主要内容。这些对象代表着产生巨大变化的习惯。这些对象既显示出习惯的向前趋向,也显示出已经被综合到习惯中的客观条件。当下意识中的感觉,是因中断所产生的震动而变得紊乱的行动之要素。然而,这些感觉绝没有完全垄断这种情景,因为还有许多残存而未被干扰的习惯,这些习惯反映在被回忆起来和被感知到的有意义的对象之中。因此，在震动与困惑中，逐渐出现了过去、现在与未来的对象的有形结构。这些对象又以各种方式，消失在一个模糊而无形的事物的巨大阴影中一个被认为理所当然而绝非清晰地显示出来的背景中。这个有形情境在它的范围和内容的精细程度上的复杂性，完全取决于先前的习惯和这些习惯的组织状况。当面对相同的事物时，之所以一个婴儿知道得很少，一个有经验的成年人却知道很多，其原因并不是后者具有前者没有的"心灵"，而是因为成年人已经形成了习惯，而婴儿不得不去获得这些习惯。研究科学的人和哲学家，像木匠、医生与政治家一样，都是用他们的习惯而不是用他们的"意识"去认知的。意识是最终的结果，而不是根源。意识的出现，标志着在高度有组织的习惯与无组织的冲动之间具有一种独特而微妙的关联。意识所观察、回忆、设计并概括为原则的内容或对象，代表着被习惯所吸收的质料浮出了水面，因为习惯一旦触及与其相冲突的冲动，就会逐渐瓦解。但是，习惯也把自身聚集起来以理解冲动，并使冲动产生效果。

　　这种解释作为心理学来说或多或少有些让人感到奇怪，但它的某些方面在静态逻辑的公式中已经成为老生常谈。例如，知识既是分析的，又是综合的；一组被区别开来的要素通过关系相互联结起来，这些几乎都已成为一种自明之理。统一与差别、要素与关系这两种相反的因素之间的结合，一直是知识理论中长期存在的悖论与神秘之物。在我们把知识理论与一种经验上可证实的行为理论相联结之前，它将仍旧如此。这种联结的步骤已经被勾勒出来，而且也可以被一一列举出来。当冲动被释放出来而导致冲突时，我们知道，在这样的时候，习惯就会受到阻碍。就这一冲动设置了一种确定的向前趋向而言,它构成了知识向前的、预期的特征。在这一阶段中,我们发现了统一或综合。我们正在努力统一我们的各种反应,并且正在努力获得将恢复行为统一的一致的环境。统一和关系是可以期望的,它们勾画出向核心收敛的线条。统一和关系是"理想"。但是,我们所知道的东西,即确定而自信地表现自身的对象,是向后看的;它们是以往被掌握和吸收的条件。它们是各种各样的要素,这些要素之所以被区分、被分析,是因为就旧习惯受到阻碍而言,这些旧习惯也被分解到对象之中,而这些对象界定了继续进行的活动所受到的妨碍。它们是"实在",而不是理想。统一是所寻求之物;分裂与分离则是现成的、给定的东西。如果把这种相同的心理学加以细化,我们就会形成对被感知到的特殊性和被想象出来的普遍性的解释,就会形成对发现与证明、归纳与演绎以及间断与连续之间的关系的解释。这近乎说讨论的任何东西因太过技术化而不适于此处。然而,不管这种要点在陈述中是多么地技术化和抽象化,它对于同道德信念、良心以及正确与错误的判断相关的一切事物来说,都是极其重要的。

最一般性的、即使是最含混的问题,也涉及道德知识的器官(organ)本性。只要把一般知识看作是一个特定的行动者的产物,无论这个行动者是灵魂、意识、理智,还是一般认知者,那么,在逻辑上就会倾向于为道德区分的知识也设定一位特定的行动者。意识与良心不仅仅有一种口头上的关联,如果意识本身是某种东西,即一种先于理智功能的场所或力量的话,那么,良心为什么就不应该也是一种具有它自己单独权限的、独一无二的官能呢?如果一般意义上的理性不依赖于在经验上可证实的人性中的实在,例如,本能和组织好的习惯,那么,为什么就不应该也有一种独立于自然活动(natural operations)的道德理性或实践理性呢?另一方面,如果人们意识到认识是通过自然因素的媒介而进行的,那么,在道德认知中,假定有一个特定的行动者这种做法就失去了合法性,而且变得令人难以置信。现在,这种特定的行动者是否存在,从技术上来看,不是一个遥不可及的问题。相信有一个单独的器官这种信念,包含着相信有一个分离而独立的主题之信念。从根本上来看,所争论的这个问题恰恰就是:道德价值、道德规定、道德原则与道德对象不仅是构成一个分离而独立的领域,还是一种正常发展的生活过程中的重要组成部分。

 这些考察解释了为什么否定一个单独的认识器官以及趋于认知的本能或冲动并不是有时被看作平庸的原因。当然,从某种意义来说,有一种与众不同的冲动,确切地说,有一种习惯性的倾向去认知。但是,从同样的意义来说,也有一种驾驶飞机、操作打字机或为杂志写故事的冲动。一些活动产生出知识,其他活动则产生出那些其他的东西。这个结果对于促使人们为了培育这些活动而专门注意它们来说,也许是非常重要的。从一个几乎是副产品的事件而达到自然的、社会的和道德的真理,也许成了一些活动的主要特征。在这种情况下,这些活动已经发生了改变。于是,认知就成了一种与众不同的活动,具有它自己的目的和它独有的适应过程。所有这些都是理所当然的。可以说,无意中偶然发现了知识,并且注意到相似的产物及其重要性之后,获得知识就偶然地变成了一种确定的职业。而且,教育肯定了这种倾向,就像它肯定音乐家、木匠或打网球者的倾向一样。但是,在这种情况下,就像在其他情况下一样,并没有一种最初的、单独的冲动或力量。每一习惯都是易冲动的，即是向外的和急迫的，因而认知的习惯也不例外。

坚持这一事实的原因并不否认知识一旦存在，就具有了独特的价值。这种价值是如此之巨大，以至于可以被看作是独一无二的。这一讨论的目标，不是要把认知附属在某一困难而乏味的功利目的之上。坚持认为认知在活动中的衍生性地位的原因，植根于对事实的感知；并且认识到，主张知识有一种单独的、最初的力量与冲动这种学说，把知识与人性中的其他阶段割裂开来，从而导致非自然地对待知识。理智倾向同生物冲动和习惯形成的具体经验事实的分离，导致了对心灵与自然之间连续性的否定。亚里士多德宣称，纯粹认知的官能从虚无进入人之中，就如同穿过一道门。自从他之后，许多人都宣称，知与行两者之间没有内在的关联。有人宣称，理性与经验没有关系；有人说，良心是一种崇高的神谕，它不依赖于教育和社会的影响。所有这些观点都自然而然地源于没有认识到：所有的认知、判断与信念都代表一种后天获得的结果，而这一结果是与环境相联系的自然冲动所导致的。

正如我们已经表明的，从伦理的方面来看，所争论的问题关系到良心的本性。正统的道德学家们已经宣布良心在起源和主题上都是独一无二的。同样的观点也暗含在所有通俗的道德训练方法之中，而那些方法通过把道德判断与其他形式的知识中所运用的检验与帮助手段分离开来，从而试图固定关于正确与错误的严格的权威观念。因而，有人已经宣称，良心是一种最初的启蒙官能（如果它没有因沉溺于罪之中而变得昏暗的话），它照耀着道德真理与道德对象，并且毫不费力地揭示出它们的确切之所是。那些持这种观点的人们之间,对良心的对象本性的看法是十分不同的。一些人认为良心的对象是一般性原则,而其他人认为良心的对象是个体行为,还有一些人认为良心的对象是诸多动机中的价值秩序,另外一些人则认为良心的对象是一般性义务感,也有人认为良心的对象是绝对正确的权威。此外,还有人把这种暗含着权威的逻辑推向其结论,并把关于道德真理的知识等同于一种对戒律法则的神圣而超自然的启示。

但是,在这些不同的观点中,有一个根本上一致的方面。道德知识必定有一个单独而非自然的官能,因为被认知的事物,即正确与错误、善与恶、义务与责任的问题,形成了一个单独的领域,这一领域同通常人类与社会意义上的日常行动领域相分离。日常的活动也许是审慎的、政治性的、科学性的和经济性的。但是,从这些理论的观点来看,直到把这些活动引入我们本性的分离而独特的部分之范围时,它们才具有道德意义。因而,这证明了关于道德知识的这些所谓的直觉理论,在其自身中汇集了在这些段落里受到批评的所有观念,即宣称道德在起源、运转和命运上不同于人性的自然结构与进程。这一事实对于表面上把理智活动同习惯与冲动的联合作用连接起来的专门化发展来说,是一个借口,如果我们希望找到一个借口的话。

第十六章

思虑的本性

THE NATURE OF DELIBERATION

到目前为止,这个讨论一直忽视了如下事实:一个有影响的道德学派(在当代思想中,最好的代表就是功利主义学派)坚持认为,道德判断和信念具有自然的经验特征。但不幸的是,这一学派一直遵从着一种错误的心理学;并且由于引起了一种反作用,实际上倾向于强化那些人的立场。他们固执地认为,道德有一个单独的行动领域;并固执地认为,道德知识需要有一个单独的行动者。这种错误的心理学有两个基本特征:第一个是,知识来源于感觉(而不是来源于习惯和冲动);第二个是,对行动中善与恶的判断,即是对令人愉快的后果与令人不快的后果以及利润与损失的计算。对于许多人来说,这种观点似乎不仅贬低了道德,而且与事实相违背,这不足为怪。关于道德知识的这种经验观点所产生的逻辑后果是:如果所有道德都涉及计算什么是有用的、明智的和审慎的,并通过在令人愉快或痛苦的感觉过程中所产生的后果来衡量,那么,正统派的道德学家们就会说,我们与这样一种卑鄙的观点没有任何关系。这是一种前提归谬法。我们将有一个单独的道德门类,并且有一个单独的关于道德知识的器官。

我们的首要难题是:依据做什么是最好的或最明智的来研究日常判断的本性,或者用日常语言来研究思虑的本性。我们以一个概括性的论断,即思虑是对各种不同的、相互冲突的、可能的行动方式的一种(在想象中的)戏剧式彩排,以此作为开端。思虑始于有效的公开行动受到阻碍之时,这一阻碍是由于先前的习惯与前面提到过的新释放出来的冲动之间的冲突所造成的。于是,包含在暂时悬而未决的公开行动中的每一种习惯和冲动都依次被试验。思虑就是弄清各种可能的行动路线实际上是什么样子的。它是一种把习惯与冲动中挑选出来的要素进行不同的结合的实验,从而看到所导致的行动如果被执行,那将会是什么样子。然而,这一试验是在想象中进行的,而不是公开的事实。这种实验是通过在思想中尝试性的彩排来进行的,它并没有影响身体之外的自然事实。思想跑到了前面并预见到结果,因此不必等待实际上的失败和灾难的教训。一种被公开试验的行为是不能改变的,它所导致的后果也不能被消除。然而,一种在想象中被试验的行为却不是最终的或命定的,它是可以挽回的。

所有互相冲突的习惯与冲动都轮流把它自己投射到想象的屏幕之上,展现出一幅其未来历史的图画,并展现出一幅将会采取的路线的图画,如果它可以自由地去行动的话。尽管公开的展示被相反的有推动趋向的压力所阻碍,然而,正是这种抑制给了习惯一个在思想中表现自身的机会。思虑确切的含义是:对活动进行分解,并且使活动各种不同的要素彼此互相制约。尽管没有任何一种要素有足够的力量成为一种改变方向的活动之中心,或者足以支配一种行动的过程,但每一要素都有足够的力量去阻止其他要素成为主导性要素。活动并没有为了让位于反思而停止;活动从执行转变为机体内的渠道,结果产生出戏剧式的彩排。

如果活动被直接表现出来,它就会产生一些经验,并且与环境相接触。活动将通过使周围的对象、事物和个人成为它向前运动的合作者而获得成功;否则,它就会遇到障碍物而受到干扰,并且很可能失败。这些同对象及其属性相接触的经验,赋予一种在另一方面来说是流动而无意识的活动以意义和特征。我们通过被我们所看到的对象来弄清观察意味着什么,这些被看到的对象就构成了视觉活动的意义,否则,视觉活动就仍然是一片空白。对于意识来说,"纯粹的"活动就是纯粹的虚空。只有在达到它所停留的静态终点时,或者在阻止它向前运动以及使它偏离方向的障碍物中,纯粹的活动才会获得内容或充满意义。正如我们已经说过的那样,对象就是那——进行反对之物。

就这一方面而言,可见的行为路线与思虑中设想的行为路线之间是没有区别的。我们没有直接意识到我们打算去做的事情,只能跟随行为进入它所引向的情形之中,注意到行为所遇到的对象,并根据它们是如何抗拒行为的或者如何出人意料地鼓励行为,才能判断行为的本性并赋予其意义。在想象中就像事实上一样,我们只有通过在走过的路途上所看到的东西,才会知道这条道路。而且,在所计划的行动路线中标出的对象,直到我们能够看到设计为止,也有助于指引最终的、公开的活动。习惯在经过它的想象的路途时偶然遇到的所有对象,都对当下的活动有着直接的影响。它强化、抑制和改变了已经在运行着的习惯,或者激励了先前没有积极参加的其他习惯。在思想和公开的行动中,在执行一种行动路线时所体验到的对象或具有吸引力,或令人讨厌,或使人满足,或使人焦虑,或具有促进作用,或具有阻碍作用。因而,思虑在继续进行着。说思虑最终停止了,就等于说选择和决定发生了。

那么,什么是选择呢?它不过是在想象中偶然遇到的一个能够对恢复公开行动提供适当刺激的对象罢了。只要某一习惯,或习惯要素与冲动要素之间的某种结合找到了一条完全敞开的路径,选择就作出了。于是,能量就得以释放出来,决心就会下定,心灵就会镇定和统一。只要思虑把浅滩、礁石或令人烦恼的大风描绘成所计划的航海路线的标识,思虑就仍在继续着。但是,当行动中各种不同的因素都和谐地统一在一起时,当想象发现没有令人烦恼的障碍时,当有一幅满帆顺风的宽广大海的图景时,航海确实就可以开始了。行动的这种确定的方向就构成了选择。认为在选择产生之前没有任何偏好,这是非常错误的。我们始终是有偏见的存在物,总是倾向于一个方向而不是另一个方向。思虑的出现就是偏好的过度,而不是天然的冷漠无情或缺乏喜好。我们需要彼此不相容的事物;所以,不得不选择什么是我们真正需要的东西,选择行动的路线,即那些最充分地释放活动的行动路线。选择并不是从漠不关心中出现的偏好,而是从相互冲突的偏好中出现的一种统一的偏好。曾经互相阻碍的偏见,现在至少暂时地互相加强,并构成一种统一的态度。当想象描绘出行动的一种客观的后果,而这种后果提供了适当的刺激并释放出确定的行动时,这一时刻就会来临。所有的思虑都是对行为的方式的一种寻求,而不是对最终目的的寻求。思虑的职责就是促进刺激作用。

因此,就有合理的选择与不合理的选择之分。所想到的对象也许仅仅激励了某一冲动或某一习惯达到了如此强烈的程度,以至于它暂时是不可抗拒的。于是,它征服了所有的竞争对手,并为自身确保了唯一的优先通行权。这一对象就在想象中凸显出来,它膨胀得充满了这一领域。它没有给其他对象留有空间;它通过自身的吸引力而吸引着我们,使我们狂喜不已、失去理智、如醉如痴。所以,选择是任意的,是不合乎理性的。但所想到的对象,也许是一个通过统一和协调不同的、相互冲突的趋向而起到激励作用的对象。这一对象也许释放了一种活动,而在这种活动中,一切趋向都得到了实现;但这不是以它们最初的形式,而是以一种"升华的"形式来实现的,即通过在一种被改变性质的活动中把它还原为与其他组成成分并列的一种成分,从而更改了它的最初方向。在设计一种可能的活动路线时,思虑能够如此精细、敏捷而又巧妙地剔除或重新组合,没有什么比这更超常的了。对于所有想象的环境中的阴影部分来说,有一种振动反应;对于所有复杂的情形来说,对它的整体性有一种敏感性,对它是否公平地对待所有事实,或者它是否控制了一些事实以有利于其他一些事实有一种感知。当思虑这样被付诸行动时,决定就是合理的。也许在结果中有错误,但它源于资料的缺乏而不是不善于处理资料。

这些事实帮助我们对欲望与理性在行为中各自的地位这一古老的争论作出了解答。众所周知,一些道德学家们曾经谴责欲望的影响;他们在欲望与理性冲突之中找到了善恶斗争的核心,在这一冲突中,前者有其自己的力量,而后者则具有权威性。但是,合理性实际上不是与欲望相对立的东西,而是各种欲望之间有效关系的一种属性。合理性意味着秩序、前景和比例,而这些东西是在思虑过程中从各种各样先前互不相容的偏好中产生出来的。当选择促使我们合理地行动时,它就是合乎理性的;也就是说,当选择关心所有相互冲突的习惯与冲动的要求时,它就是合乎理性的。当然,这意味着出现了一个综合性的对象,这种对象把引起冲突、悬念和思虑的情形中的每一因素都协调和组织起来,并使每一因素都发挥作用。正如被赞同的习惯与冲动要求统一时是如此,一些"坏的"习惯和冲动开始时也是这样。我们已经看到阻塞和努力直接压制冲动和习惯的效果。坏习惯只有通过被用作一种新的、更丰富而全面的行动计划中的要素,才能被克服;而好习惯也只有通过同样的运用,才能免于变坏而得以保存下来。

威廉·詹姆斯对理性与激情之间相互冲突的本性作过详细的论述。大意是说,激情的暗示就是使想象停留在那些对象之中,这些对象与它的天性相适应,给它提供了养料,并通过给它提供养料而加强了它的力量,直到它把所有关于其他对象的思想都排挤出去为止。一种极其情绪化的冲动或习惯赞颂一切与它相协调的对象,而压制那些每一出现就与它相反的东西。一种充满激情的活动学会了人为地激励它自身——就像当奥利弗·克伦威尔(Oliver Cromwell)想要做违背他的良心之事时,就会陷入突发的愤怒之中一样。如果允许相反对象的思想在想象中得到一席之地的话,那么,这些对象就将起作用,就将冷却并驱逐那时的热烈激情,而这种预感就会被感觉到。

结论并不是行动的这种情绪化的和充满激情的阶段能够或应当为了冷酷无情的理性而被消除。我们的回答是更多的"激情",而不是更少的激情。为了阻止憎恨的影响,就必须有同情;而为了使同情合理化,就需要有好奇、小心以及尊重其他人自由的情绪——就需要有引起那种对象的倾向,此对象使同情所唤起的那些对象得到了平衡,并防止同情堕落为多愁善感和爱管闲事。再强调一下,理性不是一种引起反对冲动和习惯的力量。理性是各种不同的欲望之间和谐运转的实现。"理性"作为一个名词,指的是许多倾向之间的愉快合作,诸如同情、好奇、探索、实验、率直、追寻——全力追究事物——小心谨慎地全面考虑事物的来龙去脉等等。科学的精密而复杂的体系不是从理性,而是从最初微不足道且摇摆不定的冲动中产生出来的;正是冲动去操纵、移动、搜寻、揭示,把分离的事物混合起来并把结合着的事物

第十六章 思虑的本性

分离开来,去言说和倾听。方法就是把这些冲动有效地组织成连续不断的探究、发展和检验的倾向。这种方法是在这些行为之后并因这些行为的后果而产生的。理性作为合理的态度,就是最终所产生的倾向,而不是能够被随意唤起并开始运转的一种现成的先行之物。一个明智地培养理智的人,将拓宽而不是缩小他的强烈的冲动之生命,而他的目标就是这些冲动在起作用时愉快地协调一致。

如我们所说,冲动的意义就是使某事开始;冲动处于匆忙之中;冲动使我们疲于奔命。它没有给考察、记忆和预见留有任何时间。但是,理性的意义正如习语所说,就是停下来并去思考。然而,需要力量去阻止一种习惯或冲动的前进,另一种习惯提供了这种力量。最终导致公开行动的延缓、悬置和推迟的时期,就是被拒绝直接发泄的活动在想象中找寻对应物的时期。用专门术语来说,这意味着对冲动的调解。因为一种孤立的冲动是直接的,它把世界缩小为直接的现在。各种相互冲突的趋向则扩大了这个世界。它们在心灵中引起许多思考,并且之所以能使行动最终发生,是由于宽泛地构想出并细致地提炼出一个对象,而这个对象是经过一个漫长的选择与组合过程才得以形成的。用通俗的话来说,深思熟虑就是要缓慢和不着急,需要时间以使对象处于有序之中。

然而,冲动有缺陷,反思也有缺陷。因为我们受冲动的压迫而急着去行动,所以也许没有向前看得足够远;但是,我们也许会对反思所带来的快乐过度感兴趣;我们害怕对决定性的选择和行动承担责任,而且,一般来说,我们会因一种苍白的思想模式而变得缺乏生气。我们也许对遥远而抽象的问题如此之好奇,以至于对处于我们周围的事物仅仅给予一种吝啬而不耐烦的关注。我们也许认为,当我们仅仅沉溺于一种令人喜爱的职业并轻视当下情形中的需求时,我们正在赞美为真理自身的缘故而热爱真理。投身于思维中的人们,很可能在一些方面,例如,就像在直接的个人关系中,非常无思想。对于将严谨治学作为一种有吸引力的追求的人来说,在日常事务上可能非常糊涂。谦卑和公正也许在一种专门化的领域中显示出来,而卑鄙与傲慢在处理与其他个人的关系时显示出来。"理性"不是一种先在的、作为万灵丹而起作用的力量。它是习惯经过艰苦努力而获得的结果,需要被连续检查。如果把在思虑——即理性——中表现出来的有推动力的活动平衡地安置在一起,要取决于一种灵敏而适中的情绪敏感性。只有一种片面的、过度专门化的情绪,才会导致把理性看作是与情绪相分离的东西。在传统上,关于正义与理性的关联,背后是以善良的心理学(good psychology)为基础的。正义与理性都暗示着对思想与能量进行平衡分配。一种目的是如此确定,一种激情或兴趣是如此有吸引力,以至于对后果的预见被歪曲为仅仅包括促进执行预先已经确定了的偏见的那些东西,就这一点来说,思虑是非理性的。先见(forethought)灵活地重塑了原有的目的与习惯,并构成了对新目的和行为的感知与热爱,就这一点来说,思虑是理性的。

第十七章 思虑与计算

DELIBERATION AND CALCULATION

现在,让我们重新对功利主义理论进行考察;根据这一理论,思虑是以行动路线导致的利润与损失为基础来计算行动的路线。这种观念与事实之间的反差,是十分明显的。思虑的职责不是通过计算出在何处获得最大的益处而给行为提供一种诱因。它是要解决现存活动中的纠纷,恢复连续性,重现和谐,使松散的冲动变得有用,并改变习惯的方向。观察现在的条件和回忆先前的情形,都是为了这个目的。思虑开始于受到阻碍的活动,而以选择一种可以改正那一活动的行动路线结束。与在戏剧中演出的演员并不像在他的账目中记录借方与贷方的职员一样,思虑也不是对利润与损失、快乐与痛苦的数量的计算。

最基本的事实是:人是一种在行动中对环境的刺激作出反应的存在物。这一事实在思虑中变得复杂,但当然没有被消除。我们继续对想象中表现出来的对象作出反应,就像我们对观察中表现出来的对象作出反应一样。婴儿并不是由于计算出与痛苦的努力相反的温暖和食物的益处而移向母亲的乳房。守财奴寻求黄金,建筑师努力设计图纸,医生努力为病人治病,这些人也都不是由于对益处与损害进行了比较和计算才去做的。习惯和职业在一种情况下,为行动的前进提供了必然性;而本能则在另外一种情况下,为行动的前进提供了必然性。我们并不是根据推理而行动;但推理却把并不是当下直接的或可感的对象置于我们面前,以至于我们可以直接对这些对象作出厌恶、喜欢、冷漠或依恋的反应,正像如果同样的对象也存在于实际之中,那我们将对它们作出类似的反应一样。最后,它导致了一个直接的刺激与反应的实例。在一种情况下,刺激可以通过感官立刻表现出来;在另外一种情况下,刺激通过记忆和建构性的想象间接地表现出来。

但是,直接性与间接性的问题涉及的是达到刺激的方式,而不是刺激起作用的方式。

喜乐与苦难,痛苦与快乐,令人愉悦与令人不快,都在思虑中起着相当大的作用。然而,这不是通过计算来估计未来的快乐与愁苦,而是通过体验现在的快乐与愁苦达到的。喜乐与悲伤、兴高采烈与沮丧抑郁的反应,都是对想象中表现出来的对象的一种自然反应,就像是对那些在感官中表现出来的对象的自然反应一样。自满与烦恼紧紧跟随在影像中显现出来的任何对象之后,就像它们以对这一对象的感官经验为基础一样。一些对象一旦被想到,它们就会同我们现在的活动状态相一致。它们与我们的活动状态十分吻合,因而受到欢迎。这些对象之所以适合或令人愉快,是因为被体验到的事实,而不是因为计算。其他对象则发出了刺耳之音;它们阻断了活动;它们是令人厌倦的、可憎的和不受欢迎的。它们与现在的活动趋向是不一致的,也就是说,是令人不快的,它们就像一位延长拜访时间的讨厌之人、一位我们不能还债的催债者或一只不断嗡嗡叫的引起疾病的蚊子一样令人不快。我们没有思考未来的损失与发展。我们通过想象来思考在未来某一行动路线中将会遇到的对象,而我们现在对所表现出来的东西或高兴或沮丧或快乐或痛苦。这种对喜欢和不喜欢、吸引与蔑视、喜乐与悲伤的现场评述,向任何有足够聪明才智、注意到它们并研究它们出现原因的人,揭示出他自己的性格。这种现场评述在使他成为他所是的活动的组成部分与方向上教导着他。认识什么与一种活动相一致或不一致,就是要知道那一活动和我们自己的某种重要的东西。

也许有人会问,无论我们受对未来喜乐与烦恼的计算的影响,还是受对当下的喜乐与烦恼的体验的影响,这两者之间有什么实际差别?对这样的问题,除非用"世界上的一切事物都是有差别的"这样的话语来回答,否则,人们几乎无法回答。首先,没有任何差别比关于思虑这一主题的本性之差别更重要。计算理论会认为,这一主题就是未来的情感与感觉,并认为行动与思想是达到或避免这些感觉的外在手段。如果这样的理论有任何实际影响的话,它就是建议一个人要专注于他自己最具主观性的和隐秘的情感。这使他除了在一种病态的内省和对遥不可及的、无法达到的、不确定的结果的复杂计算之间作出选择之外,就别无选择了。事实上,思虑作为对各种不同行动路线的尝试性试验,它就是展望。思虑飞向并栖息在客观的情形之上,而不是情感之上。无疑,我们有时是根据我们未来的情感而审视行动的结果,并且主要是参照它将在我们身上引起的舒适与不舒适来思考一种情形的。但是,这些时候恰恰就是我们自我怜悯或自命不凡的伤感时刻。这些时候导致病态、诡辩和与其他人相脱离;而按照它们的客观后果来看待我们的行为则会导致启蒙,并会导致对其他人的关心。因此,把思虑作为一种对未来情感的计算的首要反对理由就是:如果连续不断地坚持这种观点的话,就会使不正常的事例变成标准的事例。

但是,如果试图作出一种客观的估计,那么,思想就会迅速地迷失于一种不可能完成的任务之中。未来的快乐和痛苦受到两种不依赖于当下的选择和努力的因素所影响。它们取决于我们自己在未来某一时刻的状况,而且取决于那时的周围环境。这两种因素都是可变的,而且其变化不依赖于现在的决定和行动。同现在能够被计算的任何事物相比较,这两种因素是未来感觉中更重要的决定性因素。期望中是甜的事物在实际的品尝中可能是苦的,现在由于厌恶而躲避的事物在我们经历中的另一时刻可能会受到欢迎。在活动的兴衰中,总有无法避免的变化,而这不依赖于性格的巨大变化,诸如从仁慈变为无情,从烦躁变为高兴。一个儿童描绘出一幅有无数玩具和糖果的未来蓝图。一个成年人则把一个对象描绘为带来快乐的对象,尽管当这一事物获得满足的时候,他会感到空虚。有同情心的个人在他的计算中会以功利主义思想为基础,把其他人的痛苦看作是借项。但是,为什么不使他自己硬起心肠来不考虑其他人的苦难呢?为什么不培养一种傲慢的残忍,以至于其他人根据他们自己的行动而得到的苦难将由账目中的贷方来承担,而这对所有善良的人来说都是令人愉快的呢?

在各种事物中,未来的快乐与痛苦,即便是人们自己的快乐与痛苦,也是最难以计算的。在所有事物中,快乐与痛苦是最不易于运用数学微积分的方式来计算的。而且,我们把自己的视野向未来延伸得越远,需要计算的其他人的快乐就越多,估计未来后果这一难题也就越没有解决的希望。所有的要素都变得越来越不确定。即使一个人能够相当准确地描绘一幅关于此时此刻带给大多数人以愉快的事物之图画——这是一个极其艰巨的任务——他也不能预测对未来某一时刻和某一遥远地方的愉悦产生决定性改变的环境细节。由不完善的教育或粗俗的倾向所产生的快乐,更不必说那些肉欲和野蛮所产生的快乐了,与那些有教养的、有敏锐的社会敏感性的人的快乐相同吗?快乐主义的计算方法的不可能性之所以不是不证自明的唯一原因就是,理论家们在思考它的时候,无意中用一种对现在快乐的评价,即用一种当前在想象中对未来客观情形的认识,代替了对未来快乐的计算。

因为一个人对未来喜乐与悲伤的判断,事实上只不过是现在使他满足和烦恼之物的投射。一个具有体贴倾向的人一想到某种行为会给其他人带来伤害时,他立刻就觉得很痛苦;所以,他对那种行为的后果十分警觉,并认为这些后果是极其重要的。他甚至对这类后果具有如此不正常的敏感性,以至于他难以做出必须的、精力充沛的行为。他害怕去做真正有助于其他人福祉的事情,因为一想到他们会由于必要的措施而遭受痛苦,他就会退缩。一个执行类型的人在全神贯注地实施一项计划时,他会在目前的情绪中对与这一计划的外在成功相关的一切东西作出反应;他不会考虑在这一计划实施过程中给其他人所带来的痛苦,或者如果这一计划确实给其他人带来了痛苦,他的心灵也将很容易掠过它。与他的计划中显得很重要的商业变化或政治变化相比,这种后果对他来说似乎是微不足道的。一个人预测到的和没有预测到的东西,他高度赞扬的和贬低的东西,他认为重要的和不重要的东西,他详述和忽视的东西,他容易回忆起来的和自然遗忘的东西——所有这一切,都取决于他的性格。因此,他对令人愉快的与令人烦恼的未来后果的估计,作为他现在所是的一种标记比作为对未来结果的一种预言更具有价值。

人们只得找出字里行间的言外之意,从而看到现代功利主义与伊壁鸠鲁主义之间的巨大差别,尽管它们从所谓的心理学来说有着相似性。伊壁鸠鲁主义是如此地老于世故,以至于它不会痴迷地尝试把当前的行动建立在对未来的不可靠估计和一般性的快乐与痛苦之上。相反,伊壁鸠鲁主义认为不必考虑未来,因为生命是不确定的。谁知道生命将何时结束,或者明天又会带来怎样的命运呢?于是,精心培养现在赋予你的每一种快乐天赋,并带着经久不息的热爱去凝思这一快乐天赋,然后尽你最大的可能去延长这一快乐天赋。功利主义则相反,作为19世纪博爱改革运动中的一部分,它对一种复杂而不可能的计算的赞扬,实际上就是培育性格类型这一运动中的一部分,而这种性格类型应当有一个宽广的社会视角,应当对一切有知觉的生物的经验抱以同情,并热心于所有被提议的行为,尤其是那些集体立法与集体管理的行为所产生的社会效果。功利主义所关心的,不是吸取偶然产生的蜂蜜,而是哺育改良的蜜蜂和建造蜂房。

毕竟,预见后果这一目标并不是去预言未来。它是要探知目前活动的意义,并尽可能地确保目前的活动具有一种统一的意义。我们不是天地的创造者,对它们的运行没有任何责任,除非当它们的运动被我们的活动所改变时。我们所关注的,就是从我们自身开始的全部活动中那一小部分活动的意义。人们制订的最好的计划,与老鼠们制订的最好的计划一样,都会出错;并且由于同样的原因:不能支配未来。同事件的力量相比,人与鼠的力量受到了无穷的限制。人们总是比他们所知道的建造得更好或更糟,因为他们的行为被带入事件的广阔发展变化之中。

因而,思虑的难题不是去计算未来发生的事情,而是去评价现在所提议的行动。我们根据现在的欲望与习惯所产生出某些后果的趋向来判断这些欲望与习惯。我们要做的事情就是观察我们的行动路线,从而看清我们的习惯与倾向的含义与意义是什么。未来的结果是不确定的。但是,现在的热情在将来会怎样也是不确定的。它也许会出人意料地得到满足或熄灭,但它的趋向,即它在某些环境下将会怎样,则是一件可知的事情。所以,我们知道怨恨、仁慈、自负和耐心的趋向是怎样的。我们是通过观察它们的后果,通过回忆我们已经观察到的东西,通过在建构性地、富有想象力地预见未来中运用那种回忆,通过运用未来后果的思想去断定现在所提议的行为的性质,从而获得那些趋向的。

思虑不是对不确定的未来结果的计算。属于我们的,是现在而不是未来。精明与信息的储备都不会使未来为我们所有。但是,通过经常关注行为的趋向,通过注意到先前的判断与实际结果之间的不同,并追溯由于倾向中的缺陷与过度所造成的那一部分不同,我们会逐渐知道目前行为的意义,并按照这种意义去指导这些行为。道德就是要培养良知和判断我们正在做的事情所具有的意义的能力,并运用这一判断来指引我们所做之事,这一点不是通过直接培育某种被称作良心、理性或一种道德知识的官能来达到的,而是通过培养那些经验已经表明使我们在感知我们刚开始出现的活动趋向时保持敏感、大度、富有想象力和公正的习惯与冲动来达到的。所有预测未来的尝试,最终都会受到目前的具体冲动与习惯的审察。因此,重要的是培育那些促进对情形进行广泛地、合理地、同情地考察的习惯与冲动。

思虑的起因,也就是说,试图在对某一未来对象的思考中找到一种刺激物以完成公开行动的起因,是由于在目前的活动中出现了混乱和不确定。活动中同样的区分,以及为了恢复统一性而对同样深思熟虑的活动之需要,就必定会重现,并且反复地重现,无论这一决定是多么明智。即使是导致最重大选择的、最全面的思虑,也不过是确定了一种倾向;而这一倾向在新的未预料到的条件下不得不被连续地运用,并且被未来的思虑重新改变。我们原有的习惯与倾向总是把我们带入新的领域。我们不得不总是在了解和重新了解我们活动的趋向之意义。这难道不是把道德生活还原为西西弗斯(Sisyphus)所做的徒劳无用的辛劳吗？西西弗斯永远在推石头上山，而这不过是为了让它滚落下来罢了，因此他不得不重复他原来的任务。从对固定不变的条件的控制，而这种控制又排除了未来的思虑与重新思考的必然性所取得的进步来看，的确如此。但是，从为了发现不断变化的活动之意义而连续不断地去寻找和实验，从而使活动得以持续下去并增加其意义来看，回答就是否定的。在思虑中涉及的未来情形必然会以偶然性为标志。它在实际上将是怎样的，仍然取决于未被我们的先见和调节力量所注意到的环境条件。但是，自由地运用过去的经验所带来的教训之先见，揭示出了现在的行动的趋向和意义；而且，再说一次，它考虑的是这种当下的意义而不是未来的结果。富有想象性地预测所提议的行为之可能后果，使那种行为不会降低到意识之下而进入常规性的习惯或古怪的残忍之中。它使那种行为的意义持存下去，并使它增加了意义的深度和高尚性。反思性的和沉思性的习惯能够赋予即使是简单行为以意义的数量也是无限的，就像熟练地操纵事件的执行者所取得的最辉煌的成功，也许与一种令人难以置信的贫乏而肤浅的意识相伴随。

第十八章 善的独特性

当这种把日常思虑等同于计算的心理学被清除后,我们将行为区分为两个不同领域的原因就不存在了:一个是有利的领域,另一个是道德的领域。人们看到,在所有对行为的反思中涉及的只不过是一个问题:通过设计一种行动路线,把它们的所有意义都汇集到其自身之中,从而解决现在的麻烦并协调矛盾。对这种真正心理学的认识,也向我们揭示出善或满足的本性。当各种不相容的冲动与习惯之间的冲突与矛盾终止于一种统一而有序的被释放的行动时,善就是被体验到的属于这一活动的意义。这种人性的善就是一种以思想为条件的实现,它不同于一种动物本性——当然,就我们不思考而言,我们也是动物——偶然所遇到的快乐。而且,虚假的善和满足与"真正的"善有真实的差别,并且有一种经验上的检验方法来发现这种差别。在行为中终止了思想的那种统一,并不是一种真正的解决,也许只不过是一种表面上的妥协,是对这个问题的一种拖延。许多我们所谓的解决的本性均属此类。或者,正如我们已经看到的,它也许显示出一种战胜了对手的暂时的强烈冲动、一种通过压迫或抑制而不是合作达到的统一。这些表面上的统一并不是事实上的统一,这种情形由事件或随后发生的现象揭示出来。正是对邪恶选择的一种惩罚,也许是主要的惩罚,使得作恶者越来越不能查明关于他自己的这些客观启示。

从性质上来看,绝不可能有两次都一样的善。善从未复制自身。它在每天早晨和每天晚上都是新鲜而不同的。它在每一次呈现中都是独特的。因为它标志着绝不可能自我重复的相互冲突的习惯与冲动的特殊而复杂的状况之解决办法。只有对于一种已经僵化到丝毫都不改变之程度的习惯,善才能两次完全一样地重现。然而,即便对于这种僵化的常规,相同的善竟然也没有重复出现,因为善甚至都不会出现。根本不存在什么意识,无论是好的意识还是坏的意识。僵化的习惯完全降低到了任何意义的水平之下。而且,既然我们生活在一个变化的世界之中,那么,这些僵化的习惯最终会使我们反对它们不适应的条件,所以它们会以灾难而告终。

尽管功利主义有其自身的缺陷,但其优点是以一种不能遗忘的方式强化了如下这一事实,即道德上的善像所有的善一样,是对人性的力量的满足,是福祉与幸福。尽管边沁(Bentham)粗鲁而古怪,但他仍然具有不朽的声望,因为他迫使本国人民意识到:"良心",即道德问题上所运用的理智,常常不是理智,而是隐蔽的反复无常、教条的武断之言与既得的阶级利益。良心只有在有助于减轻痛苦并促进幸福时,它才是真正的良心。然而,对功利主义的考察表明,把与理智相关的善看作是未来的快乐与痛苦,并把道德反思看作是对快乐与痛苦的数学计算,这种看法包含着巨大的灾难。功利主义强调了这种善和理智的观念与人性的事实之间的差别,而根据这种人性的事实,善与幸福就存在于活动的当下意义之中,并且它们取决于通过思想而引入活动中的比例、秩序和自由,因为思想找到了释放和统一在另一方面是会相互冲突的要素的对象。

尽管功利主义合理地洞察到善的核心地位,并且热情地投身于使道德变得更明智和更平等的人性活动中,但它为什么会走上片面之路(因而引起了先验的道德和教条的道德的强烈反对),对此的讨论会使我们偏离主题而进入社会条件和先前的思想史中。我们能够处理的,只有一个因素,即由经济原因引起的理智兴趣居支配地位。无论如何,工业革命必定赋予思想以新的方向。它通过控制和运用自然力量而着眼于改善此世的可能性,从而加速了从来世关注中的解放;它在工业和商业上,在有助于发明、创造、事业心和建构性能力的新社会条件上,以及在处理机械装置而不是表象的非人格化的心灵习惯上,开启了诸多神奇的可能性。但是,这些新的趋势并不是在一个全新而空旷的领域中开始的,因为包含着原有制度和相应的思想习惯的背景仍然继续存在着。这种新的运动之所以在理论上走入歧路,是因为先前已经确立起来的条件使它在实践中偏离了方向。因此,新的工业主义在很大程度上仍然是原来的封建主义;只不过,它居于银行而不是城堡之中,挥舞着的是信用支票而不是刀剑罢了。

  一个古老的关于完全堕落的神学学说继续存在于人性天生懒惰的观念之中,而这种懒惰使人厌恶有用的工作,除非被对快乐的期望所贿赂或被对痛苦的恐惧所驱使。既然这成了行动的"动机"(incentive),人们就可以推导出,理性的职责不过是通过制定一种更加精确的利润与损失的计算法来帮助找寻好处或收益。因而,根据幸福与商业的类比,商业是由金钱利润指引的,并且以处理通过确定金钱单位表现出来的收支量的会计科学为指南,于是,幸福就被等同于最大化地获得纯粹的快乐。①因为商业事实上主要就是参照获得收益和避免损失来完成的,当商业预见把未来的展望还原为确定的衡量形式,即美元和美分时,收益与损失就

---

① 关于功利主义的快乐计算法的解释模式这种提法,我要感谢卫斯理·米切尔博士(Dr. Wesley Mitchell),参见他发表在《政治经济学杂志》(*Journal of Political Economy*)(第18卷)上的文章;也可以比较他发表在《政治科学季刊》(*Political Science Quarterly*)(第33卷)上的文章。

是按照金钱单位来计算的;而这种金钱单位被认为是固定的和同等的,而且完全是可以比较的,无论损失或收益是否发生。无论过去、现在和未来,一美元就是一美元;而且,从理论上说,商业贸易以及时间、精力和商品的一切费用与消耗,都能以美元的形式对它们作出精确的说明。如果把这一观点概括为收益是所有行动的目标,概括为收益采取了快乐的形式,概括为确定的、可衡量的并完全可以被痛苦(或损失)单位所抵消的快乐单位,那么,边沁主义学派的有效心理学就在手边。

现在,尽管我们承认记账货币的方式使更精确地估计许多行为的后果得以可能,并且承认在日常事务中运用货币与账单可以胜过运用理智,但在利润与损失的商业计算和对形成什么样目的的思虑之间,仍然有着种类上的差别。这些差别中的一些是与生俱来和无法克服的,另外一些则是由现在以金钱利润为指引的商业所致;因而,如果商业主要以满足需要为指引的话,这些差别就会消失。然而,重要的是:要明白在后一种情况下,商业会计与正常的思虑之间的同化是如何发生的,因为这并不是把思虑和对损失与收益的计算等同起来;它会朝着相反的方向发生,会使会计与审计在找寻现在活动的意义时成为一种从属性因素。计算会成为一种更精确而客观地陈述未来结果的手段,因而它会成为使行动更加人性化的手段。它的功能就是在所有社会科学中的统计功能。

但首先,我们考虑的是对商业利润与损失的思虑同对日常行为的思虑之间与生俱来的差别。人们已经注意到广泛地运用理性与狭隘地运用理性之间的不同,后者看到的是一个固定的目的,而且仅仅是使思考达到这一目的的手段;而前者把思虑中的眼前目的看作是尝试性的,因而允许和鼓励看到将改变这个目的并塑造一个新的目的与计划所导致的后果。当前,商业计算显然是那种对理性的狭隘运用,它认为目的是理所当然的,因而不去思考这一目的。这就像一个人作出了最终的决定,比如说去散步,因而仅仅思考怎样去散步的情况一样。他视野中的目的已经存在了,这一目的是不容置疑的;而不确定的是,在这种徒步旅行和那种徒步旅行之间,哪一种比较有利。思虑并不是无约束的,而是受某一先前的思虑所得出的决定或其他无需思考的常规所确定的决定的限制而出现的。然而,假定一个人怀疑的不是走哪条路,而是散步还是与一位朋友待在一起,这位朋友作为一个同伴已经因连续的限制而变得易怒和无趣。功利主义的理论认为,在后一种情况下,这两种选择在性质上仍然是相同的,属于同一种类;它们的唯一差别是一种量上的差别,即快乐多或少的差别。所有欲望与倾向,所有习惯与冲动,在性质上都是相同的,这一假定等于宣称:在它们之中不可能有真正的或重大的冲突;因而,没有必要去寻找把它们统一起来的目标和活动。这就是在含蓄地宣称,不对任何冲动或习惯的意义进行真正的怀疑或悬置。它们的意义是现成的,是固定的,即快乐。唯一的"难题"或怀疑就是所涉及的快乐(或痛苦)的数量问题。

　　这一假定确实与事实相悖。引起反思的情形,其令人伤心之处在于如下事实,即我们真的不知道正在迫切要求去行动的趋向的意义。我们不得不去寻找和试验。思虑是一种发现的活动。冲突是剧烈的:一种冲动以一种方式带我们进入一种情形之中,而另一种冲动则以另外一种方式带我们达到一种完全不同的客观结果。思虑并不是试图通过把相反的性质还原为其中的一种性质而消除这种相反对立。思虑试图在它的全部范围与关系中揭露出这一冲突。我们想弄清楚的是,每一种冲动和习惯之间的差别是怎样的;并通过查明它们使我们走上的不同路线、它们形成和培养的不同倾向、它们使我们陷入的不同情形,揭示它们在性质上的矛盾之处。

简言之,在任何重大的思虑中,实际上利害攸关之事不是量上的差别,而是一个人要变成哪种个人、他要塑造哪种自我以及他正在创造的是哪种世界。这在关键性的决定中是非常清楚明白的,因为这些决定使生活的路线投入完全不同的渠道之中,使生活的模式也变得完全不同,并根据这种选择或那种选择而使生活的模式具有不同的风格。对于是成为一名商人还是一名教师、一名医生、一名政治家的思虑,并不是一种数量上的选择;这恰恰就如显现的那样,是一种彼此相互冲突的职业选择,而在每一种选择中都会涉及确定的包容性与否定性。这种职业上的差别,包括一种自我构成、思想与情感习惯的构成以及向外行动的构成上的差别。与这种差别相伴而来的,是在所有未来的客观关系上的深刻差别。我们不太重要的决定不是在原则上,而是在强烈程度和范围上有差别。我们的世界并不是明显地依赖于这些决定中的任何一个;但是,把它们放到一起,就构成了这个对于我们每一个人来说都是有意义的世界。关键性的决定只能是一种对各种微不足道的选择所累积起来的力量的揭露。

因此,唯一的问题在于:把钱投资于这种债券还是那种股票的思虑,与首先要决定所从事的活动种类的思虑之间有着根本上的不同。在前一种情况下,确定的数量计算是可能的,因为不必非得作出行动的种类或方向上的决定。这个人将会是一名投资者,无论这种决定是通过习惯的持续还是通过先前的思虑作出的,它都已经被决定好了。严格意义上决定中的、行动路线中的以及自我的种类中的重要之事完全没有开始,它还没有被讨论到。把所有判断行动的情况都还原为这种简化的、相比较而言不太重要的数量计算的情况,就会漏掉思虑的全部要点。①

指出关于金钱收益的商业计算从不关心经验中的直接运用,这只是在以另外一种方式叙述同一件事。同样,商业计算根本不是对善或满足的思虑。那种决定把商业活动置于所有其他任何要求之前,置于家庭、国家、艺术或科学活动之前的人,确实对满足或善作出了一种选择。但,他是作为一个人而不是一个商人来这样做的。另一方面,当商业利润自然增长时(除了把它投资于同样的事业中),如何处置商业利润之类的事情根本没有成为严格的商业思虑中的一部分。人们仅仅在商业利润的用途中发现了善或满足,而这种用途是不确定的,并需要视进一步的思虑而定,或者有待于常规性的习惯去决定。我们不吃钱,不穿钱,不娶钱,也不需要聆听来源于金钱的音乐曲调。如果一个人偶尔宁愿要较少的钱而不是更多的钱,那么,这并不是由于经济上的原因所致。换句话说,金钱利润本身总是严格意义上的工具,因此按照数量多少来发挥效用就是这种工具的本性。我们在对它作出选择的时候,并不是在作出一个重大的选择,即不是作出一种目的上的选择。

然而,我们已经看到某种不正常的且严格说来不可能存在的

---

① 据我所知,斯图亚特(H. W. Stuart)博士是在他的《逻辑理论研究》(*Studies in Logical Theory*)中指出经济评价与道德评价之间具有这种差别的第一人。

纯粹手段,即完全与目的分裂的工具这种东西。我们也许会以抽象的方式去审视经济活动,但这种抽象本身并不存在。商业理所当然地认为,它的结果将投入非商业的用途之中。人们在非金钱的和非经济的活动中,发现了经济活动的刺激因素(在商业意味着从属于货币计算的活动这种意义上)。从经济行为本身来看,它并没有彰显出满足的本性及其与理智的关系,因为满足的全部问题要么被认为是理所当然的,要么被理智所忽视。只有当赚钱本身被视为一种善时,它才显示出任何与这一问题相关的东西。当人们如此看待赚钱时,这就不是一个关于未来收益的问题,而是一个关于现在的活动及其意义的问题了。于是,商业就变成了一种为其自身之故而进行的活动。它成了一种事业,成了一种连续不断的职业;而在这种职业中,培养的就是勇敢、冒险、竞争的素质,战胜竞争对手,获得引人注目和令人钦佩的成就,运用想象、专业知识、预见和综合的技能,以及对人与物的管理等。在这种情况下,当它在其本身中综合了现在被预测到的、源于理智行动的未来后果时,就成为我们对善或幸福所作的评论之例证。这一难题关注的,就是这种善的属性。

  简而言之,把其他活动同化到经济活动的模型(它被定义为一种有意去追求收益的活动)中的企图,会颠倒事实的状态。把"经济人"定义为一种投身于精明地追求收益的生物,这在道德上可能会引起反对意见,因为这样一种人的观念在经验上有悖于经验事实。对金钱收益的热爱,是一个不容置疑的、有力的事实;但这一事实及其重要性是具有社会本性而非心理本性的事情。这不是一个可以用来解释其他现象的首要事实。它依赖于其他的冲动和习惯,表现并组织这些冲动和习惯的用途。我们不能用它来定义欲望、努力和满足的本性,因为它体现出一种被社会所选择的欲望与满足类型。它像越野赛马、收集邮票、谋求政治职位和对天空进行天文观测一样,提供了一种特定的欲望、努力和幸福的实例。而且像那些活动一样,它也根据它在发展的活动体系中所占的地位而受到审查、批判和评价。

　　人们之所以如此容易以及对特定目的而言如此有用地选择经济活动,并单独对它们进行科学探讨,其原因在于从事经济活动的人是商人,这些人的习惯可以或多或少被猜到。他们作为人,具有被社会风俗、社会期望和社会赞颂影响的欲望和职业。收益将被投入其中的那些用途,也就是说,它们作为因素而成为其组成部分的当前活动计划之所以被忽视,只不过因为它们是如此不可避免地存在于当下的现实之中。家庭和教会的支持、仁慈的善行、政治影响、驾驶汽车、对奢侈品的支配、自由运动,以及得到其他人的尊重,一般而言都是一些明显与经济活动相适应的活动。由这些活动所构成的情境,就成了经济活动的真正组成部分和意义。实际上,一旦经济活动被从其余的生活中分离出来,那么,计算收益的追求就绝不是它被认为所是的样子,因为实际上恰恰由于有一种包含科学的、法律的、政治的和家庭的条件的复杂社会环境,它才成为其所是的样子。

　　某种悲剧性的命运似乎与所有的理智运动相伴随。有不少批评者认为,功利主义的悲剧就是夸大了理性思考在人的行为中的作用;它假定了所有人都被有意识的思考所驱使,并且所有真正必须做的事就是要充分地启发这种思考过程。因此,它就会反对存在一种揭示人们不是被思想而是被本能和习惯所驱使的更好的心理学。所以,一种部分合理的批评,会被用以隐瞒我们应该从中了解某种东西的功利主义这一因素;也会被用以培养一种相信冲动、本能或直觉的反启蒙主义学说。功利主义者们和其他任何人都不能夸大反思和理智在行为中的专门职责。功利主义所犯的错误不在这里,而在于是什么构成了反思与思虑的错误的概念。人们没有被利己的思考所驱使,人们也不是善于判断其利益在何处的法官,然后再根据这些判断去行动,这个事实不能被完全转变为以下这种信念,即在行为中对后果的思考是一个微不足道的因素。事实上,就它是微不足道的而言,它表现了文明的基本特征。的确,我们可以把这一假定作为可靠的出发点,即冲动和习惯而非思想,是行为中首要的决定因素。但是,从这些事实中得出的结论是:需要比培养思想更重要。功利主义的错误不在于此,而在于对思想和思虑是什么以及做什么的错误观念之中。

第十九章 目标的本性

THE NATURE OF AIMS

现在,我们的难题涉及目的,即视域中的目的或目标的本性。此前我们已经对这一难题中的基本要素给予论述,而且指出行为的目的和目标是被预见到的后果,这些后果影响着当前的思虑,并最终通过给公开行动提供一种适当刺激而使思虑停止。因此,目的出现了,并且在行动中起作用。目的并不像当前流行的理论经常说的那样,是超越于活动并指引着活动的东西。严格地说,目的根本不是行动的终结或终点,而是思虑的终点,因此,它是活动之中的转折点。然而,许多对立的道德理论却一致赞同把目的置于超出行动范围之外的地方,尽管它们对目的是什么这一观念持有不同的意见。功利主义把快乐设定为外在而超越的东西,认为它是引起行动的某种必然之物,并且行动以它为终点。不过,许多严厉批评功利主义的人却一致认为,存在着某种行动以其为终点的目的,即一个最终的目标。他们否认快乐是这样一种外在的目标,而把完满或自我实现置于快乐的位置上。关于"理想"的全部通俗观念都受到这种观念的影响,即在活动之外有某种我们应该以之为目标的固定的目的。根据这种观点,目的本身是先于目标而出现的。只有当我们的目的与某一目的本身一致时,才有一个道德上的目标。无论实际上能否做到这一点,我们都应当以目的本身为目标。

当人们认为自然界中一切正常的变化都存在固定的目的时,对他们来说,这种类似的目的观念就不过是普遍信念的一个特殊实例而已。如果一棵橡树从橡籽长成大树过程中的变化被一个目的所规定,而这个目的不知由于什么原因,在一切不太完满的形式中是内在的或潜在的话;如果变化只不过是一种实现完满的或完整的形式的努力的话,那么,对人类行为采取同样的观点就与其他被认为是科学的观点相一致。这样一种连贯而系统的观点,被亚里士多德偷偷地注入西方的文化中,并持续了两千年之久。当17世纪的理智革命把这种观念从自然科学中驱逐出去时,从逻辑上来看,它应当从人类行动的理论中消失。但是,人不是逻辑性的存在物,而且他的理智历史就是一部对心理秘密(mental reserves)和妥协的记录史。即使当他被迫放弃了那些原有信念的逻辑基础时,也仍然尽可能地坚持他原有的信念。因此,人的行为被——或应当被——固定的目的本身所指引;而且,如果这些行为是被规定的话,那么,它们就被固定的目的本身所规定。这种学说在道德中持续存在着,并成为正统道德理论的基石。它的直接结果就是导致道德脱离了自然科学,并分裂了人的世界;而在以前的文化中,人的世界从未被分裂。一种观点、一种方法和精神曾经激励着对自然现象的探究;而一套完全相反的观念也曾在人类事务中盛行过。因此,从17世纪开始的科学变革的完成,取决于对当前流行的作为固定界线和终结的行动目的的修正。

事实上,目的是视野中的目的或目标。它们源于自然的结果或后果,而这些结果或后果就任何目的而言,在开始时是无意中遇到的和偶然碰到的。人们喜欢一些后果,而不喜欢另外一些后果。从那以后(或直到吸引与排斥发生改变之时),达到或避免类似的后果就成了目标或目的。这些后果处于思虑中时,便构成了一种活动的意义与价值。当然,与此同时,想象也是很繁忙的。过去的后果在想象中得以加强、重新组合和更改。发明开始起作用。实际后果,即在过去已经发生过的结果,成为未来有待实施的行为的可能后果。这种想象性的思想之作用把目的与活动的关系复杂化了，但它并没有改变根本性的事实：目的是被预见到的后果，出现在活动的过程之中；而且被用来给活动增添意义，并指引活动进一步发展的路线。目的决不是行动的目的。当目的成为思虑的目的时，它就是正在改变行动中的枢纽。

人们射击和投掷，最初是作为对某种情形的"本能的"或自然的反应来进行的。当这一结果被人们观察到的时候，就赋予了活动一种新的意义。从那以后，人们在投掷和射击时，会根据这一后果来考虑它；他们理智地去行动或者具有了一个目的。由于人们因活动获得了意义而喜欢这一活动，所以当他们投掷而不是随意地投掷时，就不仅仅"瞄准"，而且还寻找或制造要瞄准的靶子。这就是行动"目标"(goals)的起源与本性。这些目标是界定和深化活动之意义的方式。因此，有一个目的或目标是当前活动的特征。就是通过这种手段，一种活动才得以改变，否则它将是盲目而无序的；或是通过这种手段，活动才获得了意义，否则它将是机械的。从严格的意义来说，一个视野中的目的是当前行动中的一种手段；而当前的行动，却不是达到遥远目的的一种手段。人们不是因为靶子的存在而进行射击，而是树立靶子以便使投掷和射击可以更有效和更有意义。

海员并不是朝着星辰航行，而是通过观察星辰所获得的帮助来指挥他当前的航行活动。港口或口岸是他的目标，但只是在到达它而不是占有它的意义上才是如此。这个港口在他的思想中是作为一个有意义的点而存在的，他的活动需要根据它而改变方向。当他到达港口时，活动并没有停止，而仅仅是活动的当前方向停止了。这个口岸就像是当前活动的终点一样，也是另一种活动模式的真正开端。我们之所以忽视这一事实的唯一原因就是，由于从经验的角度来说，这被认为是一种理所当然的事情。我们无需思考就知道我们的"目的"必然是开端。但是，一些关于目的和理想的理论已经把一种实际承认在理论上对目的本性的忽视转变为一种在理智上对目的本性的否定，并因而混淆和歪曲了目的的本性。

在一种行为的所有后果中，即使最重要的后果也未必就是它的目标。甚至人们也许完全没有想到客观上是最重要的结果；通常，一个人并不会想到与他的职业训练有关的事物，但它却维系着他和家人的存在。这个被想到的目的有着独特的重要性，陈述它的重要方面是不可或缺的。它赋予现存环境下实施的行为以决定性的线索。正是这个特定的、被预见到的目标，会鼓励那种消除现存的麻烦并理清现存的纠缠的行为。在暂时的烦恼中，即使仅仅是由一只蚊子的嗡嗡声所导致的烦恼，心灵也会全神贯注于思考那种能消除烦恼的方法，尽管从客观上来说有许多比这更重要的后果。道德学家们已经谴责了这样的事实，并认为它们是轻率的证据。但是，如果需要一种治疗措施的话，这种治疗措施也不能在坚持一般性目的的重要性中找到。这种治疗措施要在使事物成为当下令人讨厌的、可以容忍的或令人愉悦的变化倾向中去寻找。

当目的确实被看作是行动的目的而不是对当前选择的指导性刺激物时，它们就是僵化的和孤立的。无论这个"目的"是像健康一样的"自然的"善，还是像诚实一样的"道德的"善，都没有任何区别。把目的树立为完整的和唯一的，并要求和证明行为作为目的本身的一种手段，会导致狭隘；在极端的情况下，甚至会导致狂热、卤莽、自大和虚伪。约书亚①成功地使太阳停住不动以满足他的欲望,这一著名的成功被认为包含着一个奇迹。但是,道德理论家们经常假定,事件持续的过程能够在一个特定目标这点上被止住;而且认为,人们能够把他们自己的欲望投置到连续不断变化的流动过程之中,并能够不顾一切地抓住某一对象作为他们的目的。人们忽视了运用理智去发现那种最能在现存情形下释放和统一刺激物的对象。人们提醒自己说,他们的目的是正义、仁慈,或职业上的成就,或为了必要的公共改良而完成一笔交易,而这样就不会再出现进一步的疑问与疑虑了。

人们通常认为,这样的方法忽视了用于确保所欲求的目标的手段的道德问题。常识与目的证明了手段的合理性这一准则相违背,而这一准则是为耶稣会士或其他遥远的民族的便利而规定的。如果说在这样的情况下所运用的手段问题被人们忽视了,那么,这种说法并没有错。但是,如果还要指出忽视手段只是没有注意到目的或后果的一种策略,而若注意到这些目的或后果,就会看到它们是如此邪恶以至于行动会被禁止,那么对此就需要做深入分析。当然,除了目的和结果之外,没有什么东西能够证明手段的合理性或对手段进行谴责。但是,我们必须公正地把后果包括进来。即使我们承认撒谎将会拯救一个人的灵魂,无论这意味着什么,撒谎也将产生出其他后果,即由于损害善良信仰而产生的以及使撒谎受到谴责的通常后果,这仍然是真的。仅仅盯住

---

① 约书亚(Joshua)是摩西之后犹太人的领袖,带领犹太人攻取了迦南地。相传在攻打亚摩利人的时候,他向耶和华祷太阳和月亮都要停住,于是它们就不再转动了。参见《约书亚记》(10:12—13)。——译者

某种受人喜欢的单一目的或后果,并让自己因看着这一目的或后果而把其他一切未被欲求的或不值得欲求的后果从知觉中排除掉,这是固执而愚蠢的错误。这如同当一根手指因靠近眼睛而遮住了远方的山脉时,就认为这根手指真的比那座山脉还大一样。不是这个目的——单独地——证明了这种手段的合理性,因为诸如单一而至关重要的目的这种东西是没有的。认为有这样一种目的,就像是为了我们的私人愿望而在不断重复约书亚的奇迹以阻止自然的进程。要充分地描述在拒绝注意从任何行为中产生出来的多元结果的态度中所包含的臆断、谬误和故意地歪曲理智的特征,是不可能的;但之所以采取这种拒绝的态度,是为了使我们可以通过选取这样一种后果来证明行为的合理性;而这种后果会使我们能够做我们希望做的事情,并使我们觉得有合理性证明的必要。

然而,人们仍然在继续作出这种假定。当前,在把目的或视域中的目的看作目标本身而不是统一并消除相互冲突而混乱的习惯和冲动的手段之看法中,仍然暗含着这种假定。渴望用某一可恶的学派之名,为目的证明手段的合理性这种学说贴上标签,这几乎是一种险恶的用心。政客们,尤其是当他们必须处理一个国家的外交事务而被称作政治家时,几乎一致地奉行这种学说,即认为他们自己国家的福利证明了任何措施的合理性,而毫不顾及它所引起的任何道德败坏的后果。工业巨头以及各行各业的伟大执行者们通常根据这种计划而行动,但无论如何,他们并不是始作俑者。每个人只要允许他自己如此全神贯注于正在做的事情的一方面,以至于没有看到其各种不同的后果,就都会根据这种原则来行动;并通过仅仅思考那些在抽象中值得欲求的后果麻醉他的注意力,从而忽视了其他同样真实的后果。任何人,只要对任何事业或计划过分地感兴趣,而运用它那抽象的值得欲求性来证明有助于他达到这一目的之手段的合理性,并且不顾其行为所有附带的"目的",就都是在根据这一原则而行动。人们经常指出,有一类执行者,他们的行为似乎像自然力量的行动一样,是非道德的。每当我们强烈地需要任何一件东西时,往往都会重新陷入这种非道德的状况之中。一般而言,把有意识的欲望和努力中显著的目的等同于这个目的,是回避合理地考察各种后果的一种技术。这种考察之所以不能进行,是因为下意识地认识到那将表明欲望的真正价值,并因而阻止满足这一欲望的行动——或者无论如何在努力实现它时,会使我们产生一种不安的良知。因此,这种孤立的、完整的或固定的目的之学说,限制了理智上的考察,鼓励了不诚实,并在无论以任何代价所取得的成功上面盖上了道德合理性证明的虚假印章。

注重道德的个人会通过陷入另一个陷阱来逃离这种恶,他们完全否定后果与行为的道德有任何关联。他们认为,不是目的,而是动机,证明了行为的合理性或对行为进行了谴责。因而,要做的事情就是培养一些动机或倾向,比如仁爱、纯洁、对完满的爱、忠诚。因此,对后果的否定就证明为只是形式上的或口头上的否定。事实上,后果就是被设定并朝向的目标,只不过它是一种主观性的后果罢了。"善意"被选取作为不惜任何危险而被培养的这个后果或目的,它具有一切正当的理由;并且,其他一切事物都被作为牺牲品而奉献给它。结果是一种感伤而无用的自满,而不是执行者的残忍的效能。但是,这两种恶的根源是相同的。一个人选择某一外在的后果作为他的目的,而另一个人则选择一种内在的情感状态作为他的目的,如果这两者之间有什么区别的话,那么,把善意作为这种目的的学说就是更可鄙的,因为它害怕为实际结果负责任而退缩不前。它是消极的、自我保护的和多愁善感的。它使自身完全陷入自我欺骗之中。

为什么人们已经变得如此醉心于固定的和外在的目的呢?为什么人们不是普遍地承认目的是指导行动的理智策略和有助于释放与调和分散而杂乱无章的趋向的工具呢?对这些问题的回答,实际上就包含在先前所提及的僵化习惯及其对理智的影响的论述之中。事实上,目的几乎是没有尽头的,它随着新的活动引致新的后果而永远处于形成之中。"无尽的目的"就是认为没有目的——即没有固定的、自我封闭的终结点——的另一种说法。然而,尽管实际上无法阻止变化的发生,我们却能够并且确实可以把它视为恶。我们努力把行动保持在原有的框架之中,把新奇的事物看作是危险的,把实验看作是非法的,把偏离常规看作是被禁止的。固定而独立存在的目的,是我们自己固定的、没有相互作用的、分隔开来的习惯的一种投射。我们只是看到了符合我们习惯过程的后果。正如我们曾经说过的,人们不是由于有事先准备好的、可以瞄准的靶子才开始射击的。他们通过向事物射击而使事物成为靶子,然后设定特定的靶子以使射击活动更加有趣。但是,如果把靶子显示给与树立靶子没有任何关联的一代代人,把弓箭强行交到他们的手中,并给他们施加压力以使他们无时无刻不进行射击,那么,一些厌倦的人不久就会向愿意倾听的听众们提出这一理论,即认为射击是非自然的,而人天生是完全静止的;并认为靶子的存在是为了强迫人们活跃起来,他们会说,射击的义务与击中的美德是从外部强加的和从外部助长的;

而且认为,否则就不会有诸如射击活动——即道德——这样的事情了。

关于固定目的的学说,不仅分散了对考察后果和运用理智创造目的的注意;而且,由于手段与目的是看待同一现实的两种方式,所以使人们忽略了对现存条件的检查。如果一个目标不是在考察那些将被用作其实现手段的当前条件的基础上形成的,那么,它就只不过把我们抛回了过去的习惯之中。因此,我们不去做我们打算做的事,而是去做我们已经习惯做的事,否则就会以一种盲目而无效的方式四处乱蹦。其结果就是失败,灰心丧气也随之而来,但想到无论如何这个目的太理想、太高尚和太遥远而不能实现时,这种感觉也许会被减轻。我们求助于这种安慰性的想法,即我们的道德理想太好而不适合于这个世界,因而我们必须使自己习惯于目的与实现之间的断裂。于是,实际的生活就被看作是与最好的生活相妥协,是一种被迫接受的二等或三等的生活,并被看作是从我们理想的真正家园的忧郁流放,或被看作是一个令人厌烦的临时试用,而其后将来临的是一个永恒的实现与安宁时期。同时,正如我们已经反复指出的,具有比较注重实际思想倾向的个人,会接受"如其所是的"世界,即过去的风俗所塑造的世界,并且思考他们可以从这个世界中吸取哪些有利于自己的好处。他们以现存的生活习惯为基础形成了目标,而这些习惯可以变成有益于私人利益的东西。他们在形成目的以及选择和筹划手段时,运用了理智。但是,智力被限制在操纵之中,并没有延伸到建构之中。它是政客、管理者和专业执行者的理智——这种理智已经给机会主义,这个应当有一种好的意义的词被赋予了一种坏的意义。因为理智的最高任务就是要抓住和实现真正的机会,即可能性。

大体而言,目标的形成过程如下:开始时,是具有一个愿望、一种反对当前事物状态的情绪化反应,以及一种对不同事物所抱有的希望。而行动又不能令人满意地与环境条件联系起来。它退而依赖于自身,把自身投射到一种想象的情景之中;如果这种情景出现的话,它就会提供满足。这一图景经常被称为目标,更多地是被称作理想。但它本身是一种想象(fancy),也许只是一种幻想、一种梦想和空中楼阁。它是对当前现实的浪漫式美化,至多不过是诗歌或小说的素材。它的自然家园不在将来而是在幽暗的过去之中,或在某种遥远的并被假定为现在世界更好的部分之中。所有这种理想化的目标都由某种实际上被体验到的事物所暗示出来,就像鸟的飞翔暗示着人类从晦暗的地球上缓慢移动的限制中解放出来一样。仅当它被按照可以用来实现其具体条件,即按照"手段"而制定出来时,才成为一种目标或目的。

这种转变取决于对条件的研究,这些条件产生了已经存在而被观察到的事实,或使其成为可能。只有当人们仔细地研究了鸟儿尽管比空气更重但却可以使自身悬浮在空中的方式之后,随意在空中运动的快乐之想象才会变成现实。简言之,当某一过去已知的因果序列被投射到未来时,以及当我们通过把想象的偶然条件集合起来而努力产生出一种相似的结果时,想象才会变成目标。我们不得不退而求助于没有设计而已经自然发生的事情,并研究它是如何发生的,这就是因果关系的含义。这种知识加上愿望就创造出一个目的。许多人无疑梦想过无需油、灯与摩擦的困难而能够在黑暗中得到光。萤火虫、闪电、电导体的切口(cut electric conductors)所产生出的火花,都暗示着这样一种可能性。

但是，直到爱迪生研究了所有能够找到的关于光的这些偶然现象的事物，然后努力探求和收集再现它们的活动所需要的手段之时，这幅图景仍然只是一个梦想。被当作道德目的与道德理想的这些事情的最大麻烦是：它们没有超越以一种情绪化愿望为基础来想象某种令人愉快与值得欲求的东西这一阶段；而且，往往甚至不是一种最初的愿望，而是某个已经符合习俗的并通过权威的渠道而被传递下来的领导者的愿望。自然科学中的所有成就都使新的目标得以可能。也就是说，发现事物到底是如何发生的，才有可能随意地想象它们的发生，并让我们着手来选择和综合支配它们所发生的各种条件与手段。就技术问题而言，这一教训已经被人们深深地吸取。但在道德问题上，人们仍然在很大程度上忽视了研究那些同我们所渴望的结果相似的结果实际发生的方式的必要性。机械论被鄙视为只有在低等的物质中才是重要的。由此所致的道德目的与对自然事件的科学研究之间的分离，使道德目的成为无力的愿望和意识中的补偿性梦想。实际上，目的或后果仍然被固定的习惯与环境的力量所决定。无用的梦想的邪恶之处与常规的邪恶之处是一起被体验到的。"理想主义"的确必然首先出现——是对某种由欲望产生出来的更好状态的想象。但是，如果要使理想不成为梦想，并使理想主义不成为浪漫主义与空想的同义词，就必须完全现实地研究实际的状况和自然事件的模式或规律，从而赋予想象的或理想的目标以确定的形式与坚固的实体——简言之，赋予它以实践性，并把它建构成一个可行的目的。

承认固定的目的本身，是人献身于确定性的理想的一个方面。这种情感不可避免地被人们所珍视，只要人们相信，在物理自然界中最高级的事物是静止的,只有通过掌握不变的形式与物种,科学才是可能的;换言之,这是人类知识史中的较大部分。只要全部科学的结构被建立在不动者的基础之上,那么,只有不考虑后果的怀疑论者才敢持有除了本身是固定的目的之外的其他任何目的观念。然而,无论是在科学中还是在道德中,固定性的观念背后都存在着对确定性"真理"的信奉,即由于恐惧新事物与热爱占有而坚持某种固定之物。当古典主义者谴责对冲动的屈服而赞美在传统中被检验过的模式时,他几乎没有怀疑他自己被未公开承认的冲动所影响的程度——胆怯的冲动使他求助于权威,自负的冲动使他自己成为权威并以权威的名义来言说,占有的冲动则使他害怕在新的探险中冒失去获得之物的危险。热爱确定性,是要求在行动之前就获得保证。由于忽视了真理只有通过实验的探险才能被达到这一事实,所以,教条主义把真理变成了一家保险公司。固定的目的是一方,而固定的"原则"——即权威的规则——是另一方。它们是安全感的支柱,是胆小者的庇护所,并且是胆大者用以掠夺胆小者的手段。

第二十章 原则的本性

THE NATURE OF PRINCIPLES

理智涉及对未来的预见,以使行动具有秩序性和方向性。理智还涉及判断的原则与判断的标准。习惯分散的或广泛的适用性在原则的一般性特征中反映出来:从理智上看,一种原则就是一种对于直接行动的习惯。正像成了常规的习惯支配着活动,并使它背离条件而不是增强其适应性一样,因而,被视为固定规则而不是有用的方法的原则使人们脱离了经验。情形越复杂,且我们实际上对它的了解越少,那么,正统的道德理论就越是坚持先前存在的某一固定而普遍的原则或规律必须直接加以应用和遵循。可以立即用于解决每一种道德上的困难和怀疑的现成规则,一直是野心勃勃的道德学家们的主要目标。在不太复杂和较少变化的身体健康的问题上,这样的借口被认为是江湖郎中。但是,在道德问题上,由胆怯所产生并由对权威的威望之热爱而培育出来的对确定性的渴望,已经导致了这种观念,即认为固定不变而普遍适用的现成的原则之缺乏,就等于是道德混乱。

事实上,由变化和出乎预料的事物所组成的情形成为理智的一个挑战,要它去创造新的原则。如果道德要成为一门科学的话,那么,它必定是一门不断发展的科学。这不仅是因为人类的心灵尚未掌握所有的真理,而且因为生活是一种不断变化的事务,而原有的道德真理在这一生活中不再适用。原则是探究和预测的方法,它需要通过事件来加以证实;而且,自古以来,把道德变成像数学一样的努力,只不过是一种支持旧的教条主义权威的方式,或者只不过是用一种新的教条主义权威来取代旧的教条主义权威的方式罢了。但是,道德判断的实验特征并不意味着完全的不确定性和流变性。原则是作为要接受实验检验的假说而存在的。人类的历史是漫长而悠久的。对过去行为中的实验有一个长期的记录,而且存在着各种累积式的证实。它们赋予许多原则以完全应有的名声,轻率地忽视这些原则是愚蠢的。但是,社会情形在不断地变化。如果不去观察旧的原则实际上如何在新的条件下起作用,而且,不去更改这些旧原则以使它们在判断新的情况时成为更有效的工具,也是非常愚蠢的。许多人现在都意识到,在法律问题上,假定预先存在着固定的原则,而每一新出现的案例都置于这些原则之下那种做法所产生的危害性。他们认识到,这一假定只不过是人为地助长了根据以往的条件而发展起来的观念;而且也认识到,目前如果继续保持这些观念,就会导致不公平。然而,我们并不是要在抛弃先前已经发展起来的规则和顽固地坚持这些规则之间进行选择。明智的选择,是修正、修改、扩展和改变这些规则。这是一个连续不断和至关重要的重新适应的难题。

一般对决疑法(casuistry)的反驳,就像对目的能够证明手段的合理性这一格言的一般性反驳一样。实际上的道德感是可靠的,而通俗的逻辑一致性则是不可靠的。因为,求助于决疑法是唯一能够从固定的普遍原则的信仰中得出的结论,正像耶稣会士的格言是唯一能够从对固定目的这一信念中得出适当的结论一样。所有的行为、所有的事例都是个别性的。如果固定的一般性规则、戒律、法则没有赋予行动的个别事例(只有行动的个别事例才最终需要指导)以某种它们自己绝对无误的确定性的话,那么具有这些东西还有什么意义呢?对于特殊的行为例子而言,所谓的决疑法只不过是有计划地努力去确保被人们所肯定与相信的一般性规则的益处。但是,那些承认规范原则不变的观念的人认为,决疑法应该因忠诚与有益而受到赞扬,而不应该像现在这样通常受到贬低。否则，人们就应当收起他们对操纵特殊事例的厌恶，直到他们适应作为固定规则的普罗克汝斯忒斯①之床（procrustean beds）为止；并达到了这样的程度，显然，所有的原则都是从先前的行为判断实际产生出来的方式中所作的经验概括。当这一事实变得显而易见时，我们就将看到这些概括不是决定可疑事例的固定规则，而是用以研究它们的工具，以及用以使过去经验的纯粹价值成为可用于当前对新的困惑进行详细审察的方法。于是，我们会推导出，这些概括是有待于通过进一步的活动去检验和修改的假说。②

所有这样的说法，立即会遭到反驳。我们被告知，相互冲突的利益在思虑中显现了它们自身。我们所面对的是相互冲突的欲望与目的，它们彼此之间是不相容的。然而，它们又都十分有吸引力和诱惑力，我们将如何在它们之间作出选择呢？按照这种论证，只有当我们有某种固定的价值尺度时，才能合理地在这些价值之间作出选择，正像我们借助于固定的尺子来确定物理事物各自的长度一样。人们可能反驳说，根本没有固定的尺子，也没有固定的尺子"本身"；衡量长度或重量的标准不过是物质中的另一个特殊部分而已，它会随着热度、湿度与引力位置的变化而变化，而且只有通过条件与关系才可以对它进行界定。人们还可能反驳说，尺子是一种工具，它是在先前对具体事物的实际比较中

---

① 普罗克汝斯忒斯（Procrustes）是古希腊神话中的强盗，他通常把高个子的俘虏放到他的小床上，然后砍掉比小床长的部分；而把个子小的俘虏放到他的大床上，然后把其拉长而致其死亡。——译者
② 在当代的道德学家中，我们可以引用摩尔（G. E. Moore），作为几乎是唯一有勇气坚持许多人共有的信念的人。他坚持认为，道德理论的真正要务是使人们能够在具体而复杂的道德事例中作出准确而可靠的判断。

产生出来的,以便进一步进行比较。但是,我们可以满意地说,在有一个固定而先在的标准这种概念中,我们发现了希望逃脱实际道德情形及其在可能性和后果上真正不确定性所导致的压力的另一种表达方式。我们面对的是另一个例子,关于人们实在太热爱确定性,即希望由权威颁布理智专利(intellectual patent)的例子。这种颁布毕竟是一个事实。批评家没有权利违背事实来强化他对一个现成标准的私人性愿望,而这一标准将把他从考察、观察、连续不断的概括以及检验的重负中解脱出来。

而且,从自然科学的发展史来看,这种私人性愿望的价值也是可以质疑的。有一段时期,在天文学、化学和生物学上,人们声称判断个别现象之所以可能,是因为心灵已经拥有了固定的真理、普遍的原则和预定的公理。只有通过这些手段,人们才能了解偶然的、变化的特殊事件。有人认为,如果没有一个现成的一般性真理同特殊的经验现象相比较,那就没有办法对有关一种特殊植物、天体或燃烧实例的任何特殊陈述的真假进行判断。这一论点是成功的,也就是说,它长期以来控制着人们的心灵。但其结果只不过是鼓励了理智的懒散、对权威的依赖,以及盲目地接受已经以某种方式变为传统的概念。直到人们抛弃这种方法时,科学的实际进步才会开始。当人们坚持认为,通过直接参照已经确立起来的真理即那些几何学中的真理来判断天文现象时,他们并没有天文学,有的不过是一种私人性的审美建构罢了。当人们使自己确信去从事研究无数不确定的事件并愿意接受具体变化的指导时,天文学才真正开始出现。因此,先前的原则被尝试性地用作实施观测与实验以及组织特殊事实的方法:作为假说。

现在,在道德中,像在物理科学中一样,就达到这种对人来说是开放的相对确定性或被检验的可能性而言,理智的作用被一个固定而先在的真理的错误观念所妨碍。偏见得到了肯定。偶然形成的或久已在过去条件的压力下所形成的规则,没有受到批评因而持续下来。所有被奉为权威的团体与个人,都通过喋喋不休地谈论这个永恒不变的原则的神圣性来强化其所拥有的权力。道德上的事实,即特定行动过程中的具体经历,不在研究范围之内。没有与临床医学相对应之物,所依赖的是强加于事实的僵化分类。就像在自然科学中通常所做的那样,所做的一切都是赞扬理性(Reason),而惧怕实际发生的事情之多样性与多变性。

每一种道德情形都是独一无二的,并且一般性的道德原则因此而有助于培养这些情形的个别化意义,这种假说被认为会导致无政府主义倾向。有人认为,这是伦理原子主义,它彻底地粉碎了道德的秩序与尊严。此外,这也不是与生俱来的习惯会导致我们偏爱什么的问题,而是事实把我们带往何处的问题。但是,在这种情况下,事实并没有把我们带入原子主义与无政府主义之中。当批评家突然由于失去习惯的眼镜而变得糊涂时,这些东西就成了他所看到的幽灵;失去了对一种客观情形的人为帮助,他就会使自己一直糊涂下去。由于引起思虑的情形是新出现的,并且因而是独一无二的,所以才需要一般性的原则。只有一种非批判的模糊性,才会认为对固定通则的唯一选择缺乏连续性。僵化的习惯坚持复制、重复和重现;因而,在这些情况之下就有固定的原则。只有当根本没有原则,即没有有意识的理智规则时,才不需要思想。但是,一切习惯都有连续性;而且,尽管一种灵活的习惯在其运行中没有得到纯粹的重现和绝对的担保,它也不会把我们置于由绝对不同事物所构成的毫无希望的混乱之中。坚持变化与新事物,就是坚持改变陈旧的事物。任何关于思虑的真正事例之意义,能够通过把它看作不过是一种已经确立起来的分类之事例而被穷尽,当我们否认这一点时,我们并没有否认分类的价值。这种分类的价值在指引对新的事例的异同之处进行关注以及有效地利用在预见上所付出的努力中,表明了它自身。把一般化称为一种工具,并不是说它是无用的;事实显然正相反,工具是有用之物。因此,工具也是通过注意它如何起作用而得以改进的东西。如同道德原则的情况一样,如果工具不得不被用在异常的环境中,那么,对这种注意与改进的需要就是必不可少的。所以,固定性的原则与目的的代替物不是原子主义,而是连续的发展。这不是柏格森式的把宇宙分为两部分的祈求:一部分完全是固定而不断重现的习惯,而另一部分完全是自发性的流动。只有在这样的宇宙中,道德中的理性才必须在绝对的固定与绝对的松散之间进行选择。

  对于一般化在行为中的真正价值,没有谁比康德所犯的错误更具有教育意义了。他以一种逻辑学教授所具有的严肃认真而提出这种学说,理性的本质是完全普遍的(因而也是必然的和永恒不变的)。当他把这种学说用于道德时,他看到这种概念切断了道德与经验之间的关联。在他的时代以前的其他道德学家们,也曾经走到这一步。但是,他们之中没有人曾经做过康德开始做的事情:把道德的原则和理想与经验的这种分离带入它的逻辑结论之中。康德看到,把经验细节和原则的所有关联都排除掉,意味着排除了同任何种类的后果的一切联系。于是,他根据为他的逻辑带来声誉的清晰性而看到,随着这种排除,理性变成了彻底的空无:除了普遍之物的普遍性以外,没有什么其他东西存在了。

于是,他面临着这个似乎是难以解决的难题,即从已经戒绝与经验的相关性而作为完全空无的原则中得出对特定事例的道德指导。他的精妙方法如下:形式上的普遍性至少意味着逻辑上的同一性;这意味着自我一致或没有矛盾。因而,就得出一种方法,而根据这种方法,一个会出现的真正道德的行动者将着手判断任何被设想的行为之正当性。他将会问:能使行为的动机对所有事例来说都是普遍的吗?如果一个人通过他的行为,而使他在这一行为中的动机被竖立为现实自然界中的一条普遍规律,那么,他会喜欢这一动机吗?他会因此而愿意作出同样的选择吗?

诚然,如果一个人通过他的选择而使偷窃成为其行为的动机,而且他把偷窃作为一种固定的自然行为,以至于从此他只要一想到财产就会去偷窃,但他有时依然会犹豫是否要去偷窃。如果没有财产,就不会有偷窃,但如果偷窃很普遍,也不会有财产;这显然是一种自相矛盾。理性地来看,所有卑鄙的、不真诚的、轻率的行为动机一旦落实到自己,就会蜕变为一种例外;一个人为了自己的利益而想利用这种例外,但如果其他人也据此来行动,他则会感到害怕。它也违背了 A 是 A 这一伟大的逻辑原则。相反,友善的、正派的行为在一种连续不断的和谐中延展并丰富了自身。

康德的这一处理方法,表现了他对理智与原则在行为中的作用的深刻洞察。但是,这包含着同康德自己最初打算排除对具体后果的思考这种意图完全相矛盾的地方。这一处理方法结果变成了一种教人更公正、无私地看待后果的方法。正如我们已经表明的,我们对后果的预测总是受到冲动与习惯的偏见的制约。我们看到了我们想要看见的东西,我们忽视了与我们所珍视的、可能是秘密的愿望相反的东西。我们深思有利的环境,直到它们给不断增加的思考加重了负担为止。在思想中,我们没有给相反的后果以半点发展的机会。思虑需要所有可能得到的帮助,它才能够反对激情与习惯的曲解、夸大与轻视的趋向。要养成询问我们在相同的情况下将愿意如何被对待——这就相当于康德的公理——这一习惯的话,就是要使公正而真诚的思虑与判断获得支持。这是防止我们在与其他人的事例相比较中把自己的事例作为例外来对待这一趋向的安全措施。"只有这一次",就是把事情孤立起来的借口;秘密——一个不要检查的借口,它们都是在所有充满热情的欲望中起作用的力量。对于一致性与"普遍性"的要求,绝不意味着否定所有的后果,而是要求广泛地考察后果,并把效果与效果用一个连续的链环联结起来。凡是有助于这种目的的力量,就是理性。让我们再说一遍:理性是一种结果,是一种功能而不是一种原始的力量。我们所需要的,是那些有助于公正而一致地预测后果的习惯与倾向。这样,我们的判断才是合乎理性的,我们才成为有理性的生物。

第二十一章 欲望与理智

一些至少是同情否定性观点,即同情批判性地看待已经提出的这种理论的批评家们,认为这种理论过度地强调了理智。他们发现,这一理论是唯理智论的和冷酷的。他们认为,我们必须改变欲望、热爱、渴望和赞美,行动才会发生改变。一种新的情感,一种被改变了的鉴赏力,才会使行动产生出一种对生命的重新评价,并坚持要去实现它。而一种精巧的理智至多不过是想出了达到旧的习惯性目的的更好方式而已。事实上,如果理智没有冻结慷慨欲望的热情、没有麻痹创造性努力的话,我们就是幸运的。理智是批判性的和不生产的,而欲望却是能生产的。在理智不动感情的态度中,它远离了人性及其需要。它在需要同情的地方,培养了超然的态度。当拯救就是解放欲望时,理智培育了沉思。理智是分析性的,它把事物分解为部分;它的媒介就是解剖刀与试管。而情感则是综合的和统一的。这一论点为更清楚地表明愿望与思想在形成已经论及的目的中各自所担负的职责,提供了一个机会。

首先,我们必须对欲望进行独立分析。通常,我们是按照欲望的对象来描述欲望的,这些对象意味着在想象中作为欲望目标的东西。由于这个对象是高贵的或卑鄙的,我们认为欲望也是如此。无论如何,情绪出现了,并聚集在这一对象的周围。这在直接的经验中如此明显,以至于情绪在传统的欲望心理学理论中占据着核心的位置。在阻止十足的自我欺骗或防止外在环境干扰时,根据这种理论,就会认为欲望的结果或归宿与有意识欲求的视域中的目的或对象相似。然而,正如对思虑的分析所表明的,这并不是事实。当我说欲望的实际结果在种类上不同于欲望有意识地朝向的对象时,并不是在重复对人的易错性与虚弱性的古老抱怨;因为,由于这种易错性与虚弱性,人的希望在其实现过程中就会受到阻碍与歪曲。这一区别是不同维度上的区别,而不是程度或数量上的区别。

与路上的广告牌和它所指向并介绍给旅行者的加油站之间的相似性相比,所欲求的对象与欲望的实现之间的相似性并不更大。欲望是活的生物前进的驱动力。当这种生命的推动力和内驱力没有遇到阻碍时,就没有我们称之为欲望的东西,有的只是生命活动。但是,当障碍物出现时,活动就会被驱散和分裂,结果就出现了欲望。向前奔流的活动,冲破了堵塞它的障碍物。于是,这个在思想中把自身显现为欲望的目标的"对象",就是这个环境中的对象;如果它呈现的话,它就会使活动重新统一起来,并恢复其不间断的统一。欲望的这个视域中的目的就是那个对象,如果它呈现出来,它就会把现在是分裂的和冲突的活动连接为一个有机的整体。与已经被分离的火车车厢的挂钩和一列正在前行的完整的火车之间的相似性比,这并不更像欲望的实际目的,或所达到的作为结果的状态。然而,如果没有挂钩,这列火车就不能前进。

这种观点似乎与常识相违背,所运用的这一例证的相关性将会被否定。没有人会欲求他所看见的这个广告牌,他所欲求的是这个加油站,即这个客观而未显明的东西。然而,他确实是这样想的吗?或者,是不是这个加油站只是一种手段,而通过这种手段,一组分裂的活动重新统一或协调起来?所欲求之物无论在什么意义上都是为了它自身,或者由于它是有效调节一整套潜在习惯的手段呢?当常识对通常关于欲望的目的的命题作出反应时,它也对这一命题作出了反应,即人们不是为了对象本身,而仅仅是为了能够从这个对象中获得某物才欲求这个对象的。正是在这一点上,快乐是欲望的真实目标这一理论,使其自身具有了吸引力。这一理论指出,人们真正想要的既不是物质对象,甚至也不是对它的占有;它们不过是达到某种个人的与经验性的事物之手段而已。因此,有人认为,它们是达到快乐的手段。当前,这个假说为人们提供了一种选择:它认为,它们是清除妨碍活动成为一个前进而统一的系统的障碍物之手段。我们很容易看出,一个目标为什么会显得如此突出,以及情绪的起伏与压力为什么会聚集在这一目标的周围并把它高高置于意识层面上的原因。这个目标是(或被认为将是)这种情形中的关键因素。如果我们能够达到这一目标,并能够紧紧抓住这一目标,就会达到所期望的目的。它就像一个被宣告有罪的人所等待的写有暂缓处决命令的那张纸一样,因为生命的结局就取决于它。这个所欲求的对象决不是欲望的目的或目标,而是那一目的的先决条件。一个注重实际的人将把他的注意力放在所欲求的对象上,而不会去梦想那些如果这个目标没有实现将仅仅作为梦想的最终结果;但如果实现了这个目标,他就会跟随它们的自然进程,因为它变成了这一活动系统中的一个因素。所以,真理就在欲望的各种所谓悖论之中。如果快乐或完满是欲望的真正目的,那么,实现它们的方式就不是去思考它们,这仍然是真的。因为思考的对象与达到的对象存在于不同的维度之中。

除了视域中的对象或快乐是欲望的目的这种通俗的观念之外,还有一种不太通俗的理论,它认为寂静是欲望的实际结果或真正的终点。这种理论在佛教中找到了它最完全而实际的表达。它比其他任何观念都更接近于心理事实,但仅仅是从否定的方面来审视所获得的结果。所达到的目的使冲突得以平静,并消除了随着被分裂和被阻碍的活动而来的不适。欲望所特有的不安和骚动就被消解了。正是由于这一原因,一些人求助于麻醉剂与镇痛药。如果寂静是目的并能够永恒化,那这种清除令人不快的不安之方式就会像这种客观努力的方式一样,是一条令人满意的出路。但实际上,被满足的欲望并没有无条件地导致寂静,而是导致了那种标志着统一活动恢复的寂静:在各种习惯与本能之中没有内部冲突。活动的平衡而非寂静,才是被满足的欲望的实际结果。这是从积极的角度而不是从相对的和否定的角度所说的结果。

欲望中想到的对象与达到的结果在维度上的不同,就是对那些自我欺骗的解释,而心理分析非常有说服力地使我们彻底了解了这些自我欺骗,但对它们的解释详细得有些累赘。想到的对象与结果从未达成一致。在这一事实中,没有自欺。当得到满足的复仇的实际结果在思想中被想象为对正义的善良之渴望时,实际上会怎样呢?或者,当社会赞誉所激起的虚荣心被伪装成纯粹对学问的热爱时,实际上会怎样呢?麻烦之处在于一个人拒绝注意结果的性质,而不是欲望的对象与结果之间无法避免的不同。诚实而完整的心灵专注于这一结果,察看它真实所是的样子。因为没有尽头的条件就是唯一的终点。既然它存在于时间之中,那么,它就具有前因与后果。当它完成之时,也是一种具有因果潜能的力量。它不仅是开端,而且是终点。

自我欺骗的根源仅仅是从一个方向来看待结果——作为对已经逝去之物的一种满足而忽视了这一事实,即所达到的是一种习惯的状态,这些习惯将在行动中继续存在,并且将决定未来的结果。欲望的结果是新行为的开端,因而也是它的预兆。得以满足的复仇,也许觉得正义得到了维护;学问的声望,也许觉得一种客观的观点得到了扩展和更正。但是,由于不同的本能与习惯已经成为它们的组成部分,实际上,即从动态的角度来看,它们是相异的。道德判断的功能就是去检验这种相异性。另外,在这里,我们能够立即认识自己的这种信念,对道德科学来说是灾难性的,就像自然知识的相应观念对自然科学来说是灾难性的一样。道德判断中,可憎的"主观性"是由于这一事实所致,即这种直接的或审美的性质不断膨胀,并取代了赋予活动以道德性质的积极潜能的观念。

我们所有的人天生都是自负自满的小孩杰克·霍纳①。在我们插手并收手后,如果有好事来临的话,就会把这一令人满意的结果归因于个人的美德。在获得这种好事后,就很难区分获得与达到、获得之物与实现之物了。杰克·霍纳付出某种努力;而且在结果与努力之间总是或多或少有些不相称,因为结果在某种程度上总是依赖环境的支持或反对。于是,令人满意的好事为什么不以回顾的方式显示此前发生的事情并被看作是美德的记号呢?英雄与领导者就是以这种方式建构出来的。这就是对成功的崇拜。崇拜成功的邪恶之处,恰恰是我们一直在处理的邪恶之处。"成功"决不仅仅是结局或终点,还有其他事物紧随其后,而且这些后续的事物被它的本性,即成为它的组成部分的、持存的习惯与冲动所影响。当这个成功的人取得成功时,这个世界并没有停止;他也没有停止,而且他所获得的成功以及他对待那种成功的态度成为后来出现的事物中的一个因素。由于一种奇怪的转换,极端实际的(ultra-practical)人的成功从心理学来说,就像极端审

---

① 原文是 Jack Horner,比喻自负自满的小孩子。

美的(ultra-esthetic)人的纯洁的快乐一样,他们都忽视了每一种经验状态所承载的最终结果。我们没有理由不去喜欢当前的快乐,但在把快乐转化为对美德的信仰之前,有足够的理由去考察被喜爱之物中的客观因素。换言之,我们有充分的理由去培养另一种快乐,即这种考察被喜爱的对象的巨大生产潜力的习惯所带来的快乐。

因而,对欲望的分析表明这些以理智为代价而夸大欲望的理论所犯下的错误。冲动是首要的,理智是次要的,而且从某种意义来说是派生的。我们不应当无视这一事实。但是,承认这是一个事实会抬高理智的地位。因为思想不是按照冲动的命令去做事的奴隶。冲动并不知道它在寻求什么;它不能颁布命令,即使它想这样做也无法做到。它盲目地冲入偶然发现的任何入口之中。任何消耗在冲动上的东西都会满足冲动的要求。对冲动而言,一种发泄渠道就像另一种发泄渠道一样,没有什么区别。冲动的怪异与放纵,是古典道德理论家们的陈旧主题;尽管他们在强迫放弃冲动而支持理性时指向了错误的道德,但他们对冲动特征的描述并不完全是错误的。理智在服务于冲动时不得不做的在于,不是作为冲动的顺从的奴仆而是作为它的阐明者和解放者来行动的。而且,只有通过研究条件与原因,研究各种最大可能性的欲望的作用与后果以及欲望的结合,才能完成这一任务。理智把欲望转变为计划,即转变为以收集事实为基础的系统计划,按照事实发生时的样子来描述它们,并关注和分析这些事实。

没有什么东西像冲动一样容易被愚弄,并且没有任何人像被强烈的情绪所支配的人那样容易上当受骗。因此,人的理想主义很容易化为乌有。慷慨的冲动(generous impulses)就会被唤起;

对不可思议的未来,会有一种模糊的期望和强烈的希望。旧的事物会迅速消逝,而新天地将会诞生。但是,冲动毁灭了自身。情绪不可能完全保持在它的高潮之中。当行动遇到障碍物时,它会使其自身无效。或者,如果行动由于运气而获得暂时性的成功,那么,它就会极度兴奋,并且为胜利而自鸣得意,尽管在途中可能会遇到突然的失败。与此同时,其他没有因冲动而失去理智的人们,则运用已经确立的习惯和操纵这些习惯的精明而冷静的理智。结果就是由洞察力与狡猾所指引的、比较卑鄙的欲望战胜了仍不知其路途的高尚欲望。

世界上具有现实主义倾向的人已经发展出一种规范技术来对付危及他那至高无上的理想主义式的爆发。他的目标并不高,但他知道要实现这些目标的手段。他对条件的认识是狭隘的,但在其限度之内是有效的。他的预见被限制在与个人的成功相关的结果之中,但它是明晰而清楚的。他可以毫不困难地草拟出其他人的理想主义式的欲望,而这种欲望具有模糊的热情,以及对它为他自己的目的服务之方式的朦胧感知。由情绪化的理想主义所激起的能量,会进入物质主义的储藏室中,而这个储藏室是由那些没有使他们的心灵屈服于情操的人所提供的。

以思想为代价来赞美情感与渴望,是浪漫式乐观主义的残留物。这种乐观主义假定,在自然的冲动与自然的对象之间有一种事先已确立起来的和谐。只有这样一种和谐,才能证明这种信念的合理性,即高尚的情感将找到由它自己的纯粹高贵性质显示的发泄方式。具有文学气质的人容易犯这种错误,如同理智型的专家容易犯相反的错误一样,而这些专家认为,排除了冲动与习惯的力量的理论活动能够推动事情向前发展。他们倾向于认为,事物容易受到想象力的影响,就像语词易受想象力的影响一样;并且认为,情绪能够创造事件,仿佛这些事件是抒情诗的素材一样。但是,如果环境中的对象不过像诗歌艺术中的素材一样是易变的,人们就决不会被迫求助于以语词为媒介的创造。我们之所以在想象中进行理想化,是因为实际中的理想化受到了阻碍。尽管实际中的理想化必须以由高尚冲动的释放而激起的想象的理想化作为开端,但只有当观察、记忆与预见这些艰苦努力把想象的景象与组织好的习惯的效能结合起来时,想象的理想化才能被实现。

有时候,欲望并不意味着纯粹的冲动,而意味着有目标感的冲动。在这种情况下,欲望与思想不可能是相反对立的,因为欲望在其自身之中包括了思想。现在的问题是思想所起的作用达到了何种程度?它对其所指向的对象的认知有多充分?因为这种动力也许是由所愿望的希望,而不是由对条件的研究构建起来的模糊预感;它也许是一种情绪的放纵,而不是一种建立于由准确的探究发现的现实性基石上的可靠计划。如果没有冲动的阻碍,就不会有思想。但是,这种障碍物也许不过是加速了冲动向前盲目的奔流;或者,它也许把冲动前进的力量转变为对现存条件的观察,以及对其未来后果的预测。这条回转的漫长道路就是欲望的捷径。

没有任何道德问题比此处所概述的问题具有更深远的意义。从历史上来说,抨击那些轻率地谈论科学与理智的人,以及那些把它们的道德意义限制在为实现由情感产生的目的提供附带帮助的人,是有意义的。思想往往专注于遥远而单独的追求,或者以某种难以理解的方式被用来设计"成功"的工具。理智往往成为一种为事物"现在的样子",即为有益于权力阶级的风俗进行系统辩护的工具,要不就成为一条通往一种有趣的、像其他人积累金钱一样来积累事实与观念的职业之道路,尽管它以其理想化的性质而自豪。有时候,影响所有人的灾难会受到欢迎,这毫不奇怪。这些灾难暂时会使科学从抽象的专门化中脱离出来,而成为某种人类渴望的仆人;理智严格而令人心寒的计算,被大量的同情心与公共的忠诚一扫而空。

但是,唉,如果没有思想,情绪就是不稳定的。情绪像潮水一样涨起,又像潮水一样消退,而不顾及它已经实现了什么。情绪很容易被改变而转向由原来的习惯挖掘的或由冷静的狡猾提供的任何附属渠道,或者它漫无目的地驱散了自身。于是,觉醒的反应出现了,人们开始更强烈地致力于寻求狭隘的目的。他们习惯了运用观察与计划,并获得了对条件的某种控制。热烈的情绪与冷静的理智之分离,是最大的道德悲剧。那些为了情感而贬低科学与预见的人把这种分裂永恒化了,就像那些给理性贴上偶像标签的人扑灭激情一样。理智总是被某种冲动所激励,即使是最麻木的科学专家和最抽象的哲学家,也会被某一激情所感动。但是,一种激励性的冲动很容易僵化为孤立的习惯,它成了秘密而分离的东西。对此的矫正办法不是废弃思想,而是思想的复苏与延展,从而得以沉思存在的连续性,并得以恢复这种孤立的欲望与其同伴之间的联系。对排除了思想的"意志"之赞扬,要么会引起一种盲目的行动,而这一行动达到了那些根据狭隘的计划来指导其行为的人的目的;要么会引起对直接导致灾难的自然和谐的伤感而浪漫的信仰。

至少在口头上,我们已经在前面反复地暗示了理想主义和情绪与冲动之间的联系。这种关联不仅仅是口头上的。人所列举出来的一切目的以及所持有的一切计划都是理想。它标志着某种被需要之物,而不是某种现存之物。它之所以被需要,是因为像现在这样的存在没有配备理想这一东西。于是,它本身就包含着一种同所实现之物和现存之物相比照的意义。它超出了所看到与所触及的东西。它是信仰与希望的产物,甚至头脑最清醒和最现实的人的计划也是如此。然而,尽管它在这种意义上是理想,但还不是一个理想。常识厌恶把每一计划、每一设计、每一灵巧的发明都称为理想,因为常识在其关于理想的概念中最重要的是包含着所提出的这一计划的性质。

理想主义式的厌恶是盲目的,并且像一切盲目的反应一样把我们一扫而空。我们把理想的性质抬高,直到它成了某种超越所有确定的计划与执行的可能性之物为止。它的崇高性,使它变得难以达到。理想变成了一切有鼓励性的——而且是不可能的——东西的同义词。于是,既然理智不能完全被压制住,思想就把这一理想固定为某种高高在上而遥不可及的对象。理想被抬得如此之高、如此之远,以至于它成了这个世界或经验之外的东西。用专业语言来说,它是先验的;而用普通语言来说,它是超自然的,是天上的而不是地上的。理想于是成了最终而彻底的、包罗万象的完满目标。只有通过与现实的完全对照,理想才能被界定。尽管实现和构想理想是不可能的,但它仍然被看作是一切对现实的强烈不满和激励进步的源泉。

这种本性的观念与理想的作用在一个矛盾的整体中结合起来,以至于欲望与思想分离就是错误的。尽管这种本性仍然保持着情绪上的模糊性,但却努力去促进思想的客观确定性。在需要一个对象来统一与实现欲望,并通过把这一对象看作是不可名状的、与当前的行动和经验无关的东西，从而消除思想的作用方面，它遵循的是理智的自然进程。它把当前汹涌澎湃的冲动转变为未来的目的，仅仅是以一种未经思考的情感宣泄淹没了澄清这个目的的努力而已。有人认为，关于理想的思想必然会引起对当前的不满，并鼓励改变现状的努力。实际上，这个理想本身就是对条件不满的产物。然而，理想是作为一种补偿性的梦想起作用的，无助于组织并指引这种改变现状的努力。它变成了另外一个现成的世界。它构成了另外一种已经在某处存在的存在物，而没有促进具体地改变现存之物的努力。它是一个不需要努力的避难所与庇护所。因而，可以用于改变现在不良之处的能量，则会在逃亡至一个遥不可及的完美世界和乏味地被迫返回到当前必然邪恶的世界之间摇摆不定。

我们只有通过厘清思想与情绪之间这种不真实的混合，才能恢复理想与理想主义的真正意义。正如我们所看到的，思虑的行动是选择某一被预见到的后果来刺激当前的行动。思虑把未来的可能性带入当前的情境之中，因而释放并扩展了当前的各种趋向。不过，思虑把这一被选择的后果置于跟它一样真实的其他后果的不确定背景之中，而事实上，许多其他后果都更为确定。这些被预见到的和被运用的"目的"，在无尽的海洋中勾画出一座小岛。如果这些目的的专门功能不是把处于困境与混乱中的当前行动解放出来并指引它的话，这种限制就是致命的。不过，这种作用构成了目标与目的的唯一意义。因而，与被忽视的和未被预见到的后果相比，目标和目的微不足道的程度本身是不重要的。在通俗思想中出现的这种"理想"，即完全而彻底地实现这种观念，与目的的真实功能鲜有关联；而且，如果理想可能被包含在思想而不是存在之中,即它实际上可能是由情绪所做的说明,那就只会给我们带来麻烦。

对从一个后果不确定的情境中选取目标的认知,构成了活动的当前意义。"目的"是位于这一领域中心的有形模式,而且它是行为的轴心。一个未被界定、未被区分而模糊的整体中有支撑性作用的背景,围绕着这一中心形象无限地延展着。理智顶多不过是揭示了整体中标志着运动轴心的那一微小部分而已。即使这种揭示是闪烁不定的,而且揭示出来的部分不过是朦朦胧胧地从模糊的背景中凸显出来,只要它向我们表明运动的方向就足矣。一种情感和分散的情绪之背景,与其他附带而遥远的后果相对应,这就构成了理想的内容。

从行为的确定目的来看,与自然事件的整体相比,任何行为都是微不足道的。直接作为我们的行动改变事件进程而获得的结果,与事件的全部范围相比,是极其微不足道的。让我们相信宇宙的差别甚至依赖于我们最明智而勤奋的努力,这不过是一种自负的幻觉而已。然而,对这种限制的不满,就像依赖于外在的意义来维系我们这种幻觉一样,是不合理的。从真实的意义来看,每一行为已经具有无限的意义。事件系统中通过我们的努力而能改变的这一微小部分,与世界中的其余部分是连续的。我们的园地的边界与我们的邻居以及邻居的邻居的世界是连接着的。我们能够施行的那种微小努力,反过来又同维系与支持它的无穷事件相关联。对这种无所不包的无限关联的意识,就是一种理想。当我们完全领会一种行为——这种行为从自然的角度来看,发生在空间的一小点中并占据时间的微小瞬间——的无限延伸着的意义时,当前行为的意义就被认为是非常巨大的、无限的和难以想象的。这种理想不是一个要达到的目标,而是被感觉到和被意识到的一种意义。尽管不能把对这种理想的意识加以理智化(等同于具有不同特征的对象),但对于它的情绪化评价,只有那些愿意思考的人才会获得。

艺术与宗教的职责是唤起这样的评价与暗示;直到这样的评价与暗示被锻造为我们生命的组织时,才能提高和巩固它们。一些哲学家们认为,宗教意识的开端始于道德意识和理智意识终止之处。从确定的目的与方法必然会逐渐退入一个不能客观呈现的巨大整体中这一意义来看,这种观点是正确的。但是,他们通过把宗教意识看作是某种在可以找到奋斗、决定与预见的经验之后出现的东西而证伪了这一概念。对于他们来说,道德与科学是一种奋斗;在奋斗结束之时,道德的假期就开始了,即最大限度地跨越合法的思想与努力的游历便开始了。但是,在每一理智活动中都存在着努力停止之点;在那一点上,思想与行动会求助于努力与反思无法触及的事件之进程。在深思熟虑的行动中,存在着明确的思想蜕变为不可名状而难以界定的东西——蜕变为情绪——的地方。如果对这种毫不费力而深不可测的整体的感知,只是在与对行动的辛劳与思想的劳苦的感知相交替时才会出现,那么,我们的生命就会在痛苦而强迫的情形与短暂而唐突的逃跑之间摇摆不定。于是,宗教的功能就会受到嘲讽而没有被实现。道德像战争一样,被认为是地狱;而宗教像和平一样,被认为是一种缓刑。就我们在努力预见和调节未来对象的过程中,通过对一种被遮盖着的整体的感知而使我们在衰弱与失败中得以维系并扩展而言,宗教经验是一种实在。行动中的和平而不是行动后的和平,才是理想对行为的贡献。

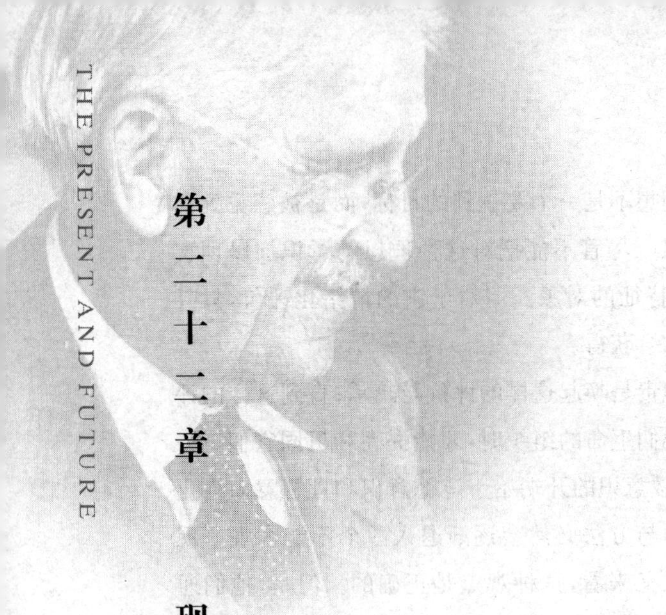

THE PRESENT AND FUTURE

第二十二章 现在与未来

有一个论点已经一而再、再而三地反复受到批评,即活动附属于其本身之外的结果。无论那一目标被认为是快乐、美德、完满,还是最终拯救的享受,它都从属于这一事实,即那些宣称有固定目的的道德理论家们,尽管他们彼此之间存在完全不同的地方,却一致同意当前的活动只不过是一种手段这一基本观念。相反,我们坚持认为,幸福、合理性、美德、完善都是当前行动的当前意义中的一部分。对于过去的记忆,对于现在的观察,对于未来的预见,都是不可或缺的。然而,它们是对当前行动的解放,即对行动的丰富与发展来说,是必不可少的。幸福在道德中之所以是根本的,仅仅是因为幸福不是被寻求的某种东西,而是现在已经获得的某种东西。即使是在痛苦与麻烦中,只要对我们与自然以及同胞的关系的认识解放并激起我们的行动,我们就获得了幸福。合理性是必然的,因为就是对这种连续性的感知,把行动从其当下性与孤立性带入与过去和未来的关联之中。

　　也许,这种批评与主张会一直继续下去,它们或许已经引起了读者的反应。读者也许很容易承认,正统理论是有偏见的,它为了未来的利益而牺牲现在,把现在解释为只不过是一种繁重的责任或者为了未来的收益而被忍受的牺牲。但是,他也许会反驳:为什么要走向相反的极端而把未来当作不过是当前意义的一种手段呢?为什么要轻视预见与努力塑造未来,调节将要发生的事情的力量呢?这样一种学说的结果难道不是削弱了使未来优于当前的努力之发挥吗?对未来的控制也许在程度上是非常有限的,但因此也是非常宝贵的;我们应当小心地珍惜任何鼓励与支持朝向那一目标的努力。实际上,有人会认为,不重视这种可能性,会减少进步所依赖的谨慎与努力。

就控制未来的困难以及它可达到的适中程度的精确比照而言,控制未来的确是难能可贵的。事实上,任何使这种控制弱于其实际上所是的倾向,都是向琐屑与怠惰的倒退。但是,在作为结果的未来提高与作为直接目标的未来提高之间是有差别的。使它成为一个目标,就是抛弃达到这一目标的最可靠的手段,即不去关注在当前情形中对当前资源的充分运用。预测未来的条件,以及为了使这种预测成为明智的而科学地研究过去与现在,的确是必要的。在理智上集中关注未来、关切对所有做得好的事务的特征进行估计的范围与精确性,自然会给人以其有效目的就是控制未来的印象。但是,关于未来发生的事件的思想,是我们能判断当前的唯一方式,也是评价它的意义的唯一方式。如果没有这种预测,就不能有管理当前的能量和克服当前的障碍物的设想与计划。有意使现在附属于未来,就是把比较可靠之物附属于不可靠之物,把资源兑换为债务,把处于控制中的事物依附于相对而言不能控制之物。

未来将出现的控制的数量,是不在掌控之中的。但证明是可行的控制之数量,只有在对当前的手段和障碍进行可能是最好的管理时,才会自然增长。使理智全神贯注于未来,就是有效地处理当前问题的方式。它是一种方式,而不是一个目标。根据最有希望的看法,研究和计划与其所导致的外在控制的增加相比,更重要的是它们为当前的活动注入丰富的内容。这种学说在趋向上并不是消极的。如除了增加生活的内在意义,外在控制的增加有什么意义呢?被预见到的未来,是一个在某一时间将成为现在的未来。那一现在的价值也将延迟到未来的一个日期,如此以至于无穷吗?或者,如果我们正在努力达到的未来利益将在未来成为现在时在实际上得以实现的话,那么,这个现在的利益难道不是同样宝贵的吗?再者,对于改变未来,除了关注当前各种可能性以外,还有什么明智的方法吗?为了未来而草率地对待现在,只会使未来更加不容易把握。这种做法也增加了干扰未来事件的概率。

以这种形式所作的评论,似乎太像是对现在与未来的概念的逻辑伪造而不能令人信服。建造房屋就是理智活动的一个典型例子。它是由计划和设计所指引的一种活动。这种计划本身是以对未来用途的预见为基础的;这种预见反过来,又依赖于对过去经验和现在状况的系统考察,依赖于对以前居住在房屋里的经验的回忆,以及对现在的材料、价格和资源等等的熟悉。目前,如果我们可以在任何地方找到使现在从属于未来的规范的合法个案的话,那就是在像这样的例子中找到的。因为通常一个人建造房屋是为了舒适与安全,是为了给未来的生活提供"控制",而不仅仅是为了建造的乐趣——或者烦恼。如果在这样的事例中,通过考察表明,理智对过去与未来的关注最终是为了指引现在的活动,并赋予其意义,那么,这一结论也可以被其他事例所支持。

我们要注意,当前的活动是唯一真正处于控制中的活动。这个人也许在房屋建成之前死亡,或者他的经济状况发生变化,或者他需要移居到另一个地方,如果他试图为所有的偶然情况都作好准备,他就决不会去做任何事情;如果这些偶然情况过多地分散他的注意力,他也不可能做好现在的计划与执行。他越是思考这座房屋未来的可能用途,就越能做好当前的建筑活动。对诸如可能出现的未来生活的控制,完全依赖于他认真而忠实地把现在的活动看作是一个目的而非一种手段。一个人正竭尽全力地做好现在需要做的事情。在人们形成充分运用理智来指导现在的行动这一习惯之前,决不会清楚对未来偶然性的控制有多大的可能性。在目前情况下,人们为了未来的"目的"而习惯性地轻视现在的行动,以至于一直没有揭示出这一事实,即估计减少未来偶然事件的可能性程度。一个人正在做的事情,既限制了他的直接控制,也限制了他的责任。我们决不能把建造行为与建造好的房屋相混淆,后者是手段,而不是实现。但是,之所以如此,只是因为它成了现在的而不是未来的新活动中的一部分。生活是连续不断的。建造行为会及时让位于与居住相关的行为。然而,无论在什么地方,活动的利益、实现与意义都位于现在之中,而这只有通过判断与它们相关联的现存条件才得以可能。

如果我们寻求一个更大规模的例证,教育则为我们提供了一个中肯的例子。正如教育在传统中所做的那样,它鲜明地展示了活生生的现在从属于遥远而不可靠的未来。预备和准备是教育的主旨。然而,实际的结果是缺乏足够的准备,缺乏理智的适应。所谓对未来的高扬,实际上成了一种对传统的盲目遵循,成了单凭经验而一天天胡混的借口;或者,就像在一些被称作工业教育的计划中那样,成了一个阶级共同体以牺牲另一个阶级来确保它的未来而作出的坚定不移的努力。如果教育是作为最充分地运用现在的资源、释放并引导现在迫切需要的能力的过程来实施的,那么,不言而喻,青年人生活的意义将比现在更为丰富。由此也可以推论出:理智将不断地忙于研究一切力量的显示、一切障碍与歪曲、一切彰显出当前能力的过去成果,并且忙于预测现在起作用的冲动与习惯的未来进程——不是为了使后者居于次要地位,而是为了理智地对待它们。因而,对那一可能的未来的任何巩固与扩展都将会达到——然而,令人沮丧的是现在无法达到。

在我们工业活动的主导性质中,可以找到一个更为复杂的事例。我们可以武断地宣称,在生产与消费——即实际的圆满与实现——的分离中,可以找到邪恶的根源。生产与消费关系的一个常规事例就是食物的获取。消耗了食物,然后产生体力,两者之间的差别是理智所区分的维度上的或方向上的差别。实际上,这只是能量从一种形式转变为另一种更加可以利用的——更为重要的形式而已。艺术家、运动员和科学探索者的活动证明了同样的平衡。活动应当是生产性的,这就是说,活动应当影响到未来,应当导致对未来的控制。但是,就生产性行动本质上是有创造性的而言,它有其自身的内在价值。参考未来的产品与未来的快乐,只不过是增强对内在意义进行感知的一种方式罢了。一位喜欢自己作品的、有技能的工匠,知道他正在制作的东西是为了将来的运用。从外部来看,他的行动是一种贴上专门性的"生产"标签的行动。这似乎证明现在的活动从属于遥远的目的;但从实际上、道德上和心理上看,对生产出来的物品效用的感知,由于是能力的当前运用,是鉴赏力与技能的自由发挥,以及是现在完成了的某物,这种感知就成了当前行动意义中的一个因素。一旦把生产与直接的满足分离开来,它就变成了"劳动"、苦役和人们不太情愿去执行的任务。

然而,现代经济生活的整个趋向一直假定:只要是大量而强烈地关注生产,消费就会照顾其自身。疯狂地加速制造事物;而且,所有机械装置都会被用来增大这个毫无知觉的巨物,其结果是大多数工人在工作中得不到补偿,心灵得不到更新与发展,也得不到满足。他们进行劳动,以获得达到后来满足的唯一手段。这种满足的手段一旦被获得,就会反过来与生产相分离,并且变成一种乏味的体力上的事务,或者一种对被否定的正常利益的感官补偿。与此同时,把生产与消费、与现在的丰富生活相分离所导致的愚昧,通过经济危机,通过失业期与实习、工作或"生产过剩"时期的交替发生而表现出来。排除了实现的生产就纯粹成了一种数量上的事情,因为特性和质量是一种现在意义上的事情。审美的要素被排除在外,机械的要素就成了主宰。生产没有了标准;如果一件东西能被快速地或大量地制造,那么,它就比另一件东西更好。闲暇不是处于工作中心灵的滋补品,也不是一种消遣;它是一种为了娱乐、刺激和炫耀的狂热的匆忙,否则,除了一种迟钝的呆滞以外就没有闲暇了。对于一些人来说,因单调而引起的疲劳,以及对其他人来说因过度紧张地保持步调而导致的疲劳,都是不可避免的。从社会的角度来说,生产与消费的分离、手段与目的的分离是阶级分化最深刻的根源。那些确定生产"目的"的人是统治阶级,而那些从事孤立的生产活动的人则是被统治的阶级。但是,如果后者受到压迫,那么,前者也没有真正的自由。他们的消费是偶然的夸耀与挥霍,而不是活动的正常完成或实现。他们的余生则是在保持机器不断加速运转这种奴役之中度过的。

与此同时,阶级斗争就在那些通过必然性而被迫进行生产性劳动的人和那些有特权的消费者们之间产生了。这种因生产与被无视的消费相分离而导致的对生产的夸大,是如此地受到关注,以至于甚至像马克思主义式的社会主义者那样所谓的改革者们宣称,整个社会难题都集中在生产上。由于手段与目的的这种分离意味着把手段树立为目的,所以,出现一种"唯物主义历史观"就毫不为奇。这不是马克思的发明;就正在讨论的这种分离是存在着的而言,它是一种对事实的记录。因为只有在作为心灵与身体的补偿、发展与更新的满足与消费中,才能找到可实行的理想主义。在涉及面广泛而本身意义重大的活动中,也就是说,在消费这一点上,才能找到社会利益的和谐。①但是,强迫生产排除了消费,就导致了可怕的信念,即阶级斗争的内战是社会进步的一种手段,而不是对社会进步之实现的障碍物的一种记录。然而,在这里,马克思主义者也正确地看到了最流行的经济活动的特征。

因而,经济活动史也例证了当前的活动与未来的"目的"彼此分离的道德后果。它也体现了这一难题的困难之所在——由它强加给思想与善良意志的重负。因为,所谓的理想主义者与头脑冷静的唯物主义者或"注重实际"的人曾经共同合谋维系了这种情形。"理想主义者"设定为理想的,不是现在的丰富意义,而是一个遥不可及的目标。因此,现在就被抽空了意义,它变成了一种纯粹的外在工具、一种由于我们与有意义的有效满足之间的距离而导致的邪恶必然性。在当前活动中的欣赏、喜乐与平静,都是可疑的。它们被看作是消遣、诱惑与无价值的放松。于是,由于人性必定有当前的实现,所以对这个理想的伤感式与浪漫式的享受就成了明智而有回报的活动的一种代替物。事实上,这个乌托邦是无法实现的;但它可以在幻想中被运用,并作为一种镇痛

---

① 感谢莫里斯·威廉(Maurice William)所著的《历史的社会解释》(*The Social Interpretation of History*)。

药来减弱对终究要忍受的悲惨状况的感觉。某种使现在进入遥远而至高的极乐境界的密钥就被找到了,这正像福音主义者享受到那些同伴凡人无法获得的一种自满而至高的拯救感一样。因而,对当前实现和满足的正常需求,以反常的方式得到了满足。

与此同时,注重实践的人去工作,他想要的是某种确定的、可触及的和大概能够获得的东西。他正在寻求"一个好东西",正如普通人正在寻求一种"快乐时光",即那种对本质上有意义的活动的自然嘲讽一样。然而,他的活动是不切实际的。他正在从能够找到满足的地方以外的某个地方寻求满足。在他对未来的好东西的乌托邦式寻求中,他忽视了唯一能够发现好东西的地方。由于他把当前的活动作为一种纯粹的工具,使它变得空无意义。当未来来临时,它最终只不过是另一个被贬低的现在而已。根据习惯和定义,未来仍然是达到某种尚未来临之物的手段。而人性必定要使其要求得到满足,因而,纵欲就成了不可避免的依靠。通常,人们都会想出一种折中的办法,通过这种办法,一个人在工作时间里就会接受为某一未来结果而活动的哲学;而在偶尔闲暇的时间里,就通过习俗所认可的渠道去享受"精神性的"祝福与"理想性的"优雅。既侍奉上帝又侍奉财神的难题因而得以解决。这种情形例证了手段与目的相分离的具体意义,而这种分离又是理论与实践、理智与习惯、预见与当前冲动相分离的理智反映。道德学家们已经花费了大量的时间与精力来表明,当意欲、冲动不顾后果和理性而被放纵时将会怎样。但是,他们大多忽视了,一种认为理想和利益不是当前冲动与习惯的组成部分的理智所导致的相应的缺陷。这种理性的生活已经被专门化、浪漫化或成了一种沉重的负担。这种情形体现了实现理智在行为中的地位这一难题之重要性。

然而,我们对理智在行为中的地位所作的全部解释,都被指控为其本身就是一种浪漫式的、补偿性的理想化。心灵的历史是一种理智的记录,它在事情发生之后多少有些不准确地记录下所发生的事情。需要有预见性和指引性的心灵进行干预的这一危机,因注意力集中于偶然事件与不相关的事物而被忽略了。理智的工作是事后(post mortem)的工作。人们将指出,社会科学的兴起已经增加了对所发生事情进行记载的次数。社会的事后剖析比通常所发生的事情要多得多。但是,无偏见的心灵将记载的一件事情就是:讨论、分析与描述在改变事件的进程中是无能的。事件的进程毫不理会人们的注意力而走着自己的路。认为事物的这种状况并没有表明理智的无能,而是表明了人们所认为的科学并不是科学,这是一种太过轻率的回答,因而不是令人满意的。我们必须求助于一些具体的事实,或者在形成学说的同时就舍弃它。

技术性的事务证明,探究、描述与分析的工作并不总是无效的。"全国性"的烟草连锁商店的发展,管理良好的全国电话系统的发展,以及电灯工厂业务的扩展,都证明了对计划的研究、反思与制订在一些情况下的确决定了事件的进程这一事实。这一结果在工程管理与全国性的商业扩张中都可以看到。然而,我们必须承认,这种潜能被限制在那些与更大的人类事务相区别而被称为技术性的事务中。但是,就像我们应当做的那样,如果我们寻求"技术"的定义,除了一种以循环的方式进行定义外,即那些在其中观察、分析和理智的组织都是决定性因素的事务,就是技术性的事务,几乎不能找到任何定义。我们更为广泛的社会兴趣与那些理智在其中是指引性因素的兴趣是如此的不同,以至于在社会兴趣中,科学必定总是一位在问题解决之后才出场的迟到的来客,这个信念就是所得出的结论吗?回答是否定的。合乎逻辑的结论是:到目前为止,在重要的经济事务、政治事务与国际事务中,我们还尚未拥有技术。条件的复杂性,使得技术发展道路上的困难变得更为艰巨。可以想象,这些困难永远都不能被克服。但是,我们需要在发展出一种使理智成为一个居中调停的伙伴的技术和由事故、浪费与痛苦所支配的连续性之间作出选择。

第四部分 结论
CONCLUSION

第二十三章 活动之善

THE GOOD OF ACTIVITY

当行为分散在诸如习惯、冲动与理智等标题下进行讨论时，它就被人为地割裂了。我们在探讨这些主题中的每一个主题时，都会涉及其他的主题。因此，我们以把作为一个整体的行为的一些重大思考汇集起来这种尝试作为结束。

最重要的结论是，道德与所有包含着各种可供选择的可能性活动相关联。因为只要这些可供选择的可能性存在，比较好与比较坏之间的区别就会出现。对行动的反思意味着不确定性，并因此而必须决定行动的哪种进程更好。较好的进程就是善；最好的进程并不比善更好，而不过是被发现的善罢了。比较级与最高级仅仅是通往行动的原级的途径。较坏的进程或恶是一种被抵制的善。在思虑之中以及在进行选择之前，并没有本身是作为恶而显现的恶。在它被抵制之前，它也是一种参加竞争的善。在被抵制之后，它就不再作为较小的善出现，而是作为在那种情形下的坏出现。

因此，实际上，只有把反思性的选择融入其中的行为，即思虑的行动，才是明显的道德行为；因为只有在这时，才开始出现比较好与比较坏的问题。然而，如果要在包含着思虑与选择的行为与由冲动和实际的习惯所导致的活动之间作出严格的区分，那将是一个危险的错误。行为的后果之一，就是使我们陷入困境之中，即我们不得不去反思以前认为是理所当然而做的事情。我们同其他人打交道的一个主要难题，就是促使其去反思那些他们通常按照非反思性的习惯所做的事情。另一方面，一切反思性的选择都倾向于把某种有意识地去思考的问题归为自此以后被认为是理所当然而无需考虑的一种行为或习惯。因此，任何一种行为都潜在地处于道德领域之中，都是对它的可能比较好或比较坏的性质进行判断的候选对象。所以,去发现行动进行到什么程度,去发现什么东西将被考察,以及什么东西可以留给无需思考的习惯,就成了一个最令人困惑的反思性难题。因为没有最终的秘诀可以决定这个问题,所以,一切道德判断都是实验性的判断,并且根据它的结果而进行修正。

认识到行为涵盖了一切根据比较好和比较坏而进行判断的行为,以及认识到对这种判断的需要潜在地与行为的所有部分共存,就使我们摆脱了把道德当作生活中一个分离的部分的错误。从潜在性来看,行为百分之百是我们的行为。因而,我们必须拒绝承认把道德等同于净化动机、陶冶性格、追求遥远而隐秘的完满、听从超自然的戒命,以及承认义务的权威性等理论。这类观念有着双重的恶果。首先,这类观念成了对条件与后果进行观察的障碍,它把思想引向了枝节问题。其次,尽管这类观念赋予在道德方面被审视的事物以一种不健全而夸张的性质,但它使生活中更多的行为免于严肃的审察,即道德的审察。与对这种被认为是道德行为的少数行为的热切渴望相伴而来的,是对大多数行为的免除敕令与免疫性沐浴。一种道德上的禁止,盛行于日常事务之中。

当我们说道德只有在涉及对比较坏与比较好的思考中才是无拘无束的时候,应当注意到,道德是一个连续不断的过程,而不是一个固定的成就。道德意味着行为意义的增长,至少意味着那种由于对行为的条件与结果的观察而产生出来的意义之扩展。那种增长是一样的意思。不断地增长(growing)与增长(growth),是在现实中得以扩展或在思想中加以精简的同一事实。就"道德"一词最宽泛的意义而言,道德就是教育。道德就是了解我们将要去做的事情的意义,并在行动中运用这种意义。位于意义的范围与阴影中的当前行动的善、满足与"目的"的增长,就是唯一在我们控制之中的善,并因而是唯一要为之负责任的善。其余的则是幸运和运气。所以,道德上的自我意识所坚持的大多数道德观念的悲剧就是:把能够充分吸引思想的唯一的善,即行动的当前意义,归为一个处于事件行列中的遥不可及之善,无论是把这种未来的善定义为快乐、完满或拯救,还是定义为有德行的性格之实现。

"当前的"活动最终不是一个锋利而狭窄的刀锋。当前是复杂的,在它本身中,包含有许多习惯与冲动。它现在是持久的,是一种行动的路线,是一个包括记忆、观察与预见的过程,是前进的动力,是向后的一瞥和向外的张望。现在是道德上的关键时刻,因为它标志着行动向宽广与清晰这一方向的转变或者向琐屑与含混这一方向的转变。进步是增加意义的丰富性与区别性的当前重构,而退步则是对意义、决定与理解的当前取消。那些认为进步只能通过参照一个遥不可及的目标而被感知与衡量的人,首先就混淆了意义与空间,并因而把空间位置看作是绝对的,看作是对运动的限制而不是在运动中并通过运动所限定的。在大多数生活情形中,有许多由冲突、纠纷与晦涩所导致的消极性要素;而且,我们没有要求某种最高级的完满通过启示来告诉我们,在当前的改正中是否正在取得进展。我们从比较坏的情况进入比较好的情况中,而不仅仅是向着比较好的情况前进;这种比较好的情况不是通过与外在的事物相比较,而是在内在的事物中被证明为真的。如果进步不是一种当下的重构,那它就是虚无;如果我们不能通过属于转变运动的性质而辨别进步,那就不能对它进行判断。

当人们假定,如果没有一个遥不可及而固定的善的理想来激励他们,他们就没有动力来摆脱当前的麻烦,就不会渴望从具有压迫性的事物中解放出来并渴望澄清使当前行动变得混乱的事物时,实际上已经建构了一个奇异的梦幻世界。在这样一个世界中,我们能够在不过是从一个无法达到且完满的模糊概念出发的前进方向上得到启蒙与指引。它完全不同于我们当前的世界。直到今天,恶在当前世界中存在的理由仍然是非常充分的。恶之所以是充分的,因为它激励着我们去矫正行动,去努力把冲突变为和谐,把千篇一律变为一种斑驳陆离的情景,把限制变为扩展。这种转变就是进步,而且是人类唯一可以想象的或可以达到的进步。所以,每一情形都有它自己进步的性质以及进步的衡量标准,并且对进步的需要是连续不断和反复出现的。如果旅行比抵达更好,那是因为旅行是一种连续不断的到达;而阻碍进一步旅行的抵达,很容易通过睡眠或死亡实现。我们在对确定的和被体验到的善的推断性回忆中,而不是在模糊的期望中,找到了指引方向的线索。即使我们将这种模糊性贴上完满和理想的标签,并继续以枯燥的辩证逻辑来对它进行定义,也是如此。进步意味着当前意义的增加,这种当前的意义不仅包括和谐与统一,而且包括许多感觉到的区别。也许,这一命题可以普遍地用于人类的经验之中。如果历史表现出进步,那么,进步只能在经验里所找到的意义的那种复杂性与扩展性中,而不能在其他别的地方中被发现。显然,这种进步并没有终止,也不能免除困惑和麻烦。如果我们希望把这一概括变成一个绝对命令,那么,我们应当说:"如此行动,以便增加当前经验的意义。"但是,即使如此,为了获得关于这类被增加的意义的具体性质之说明,我们也应当抛弃这一规律,而去研究存在于一个独一无二的、局部的情形之中的需要以及可供选择的可能性。这个命令像所有绝对的事物一样,是苍白无力的。直到人们放弃寻求一个一般性的进步公式之前,不知道能指望在哪里找到它。

一位商人把今天的负债和资产与昨天的情况进行比较后再开始行动,并且通过研究目前存在的环境条件来为明天制订计划。否则,就没有活生生的商业。未来是现在主题的一个投射,从预卜不断变化的现在的运动意义上来说,它并不是一个武断的投射。如果医生通过建构一幅完全健康的图示来指导他的治疗活动,他就失败了;这对所有人以及在本性上完全是完整而自我封闭的事物来说,都是一样的。医生运用在身体健康与身体不健康的实际事例中发现的东西及其原因来研究现在有病的个体,以便促进病人的康复;康复是一个内在的、活生生的过程,而不是相对的和静止的痊愈。然而,不单单作为纯粹理论,而是找到融入普通人观念中的道德学说,已经颠倒了这种情形,并且使现在屈从于一个僵化而抽象的未来。

进化论的伦理意义是巨大的。但是,它的意义已经被人们误解,因为这一学说被它实际上推翻的那种传统观念所利用。人们曾经认为,进化论意味着现在的变化完全从属于一个未来的目标。它已经被迫宣扬一种无用的接近目标的教条,而不是宣扬一种当前增长的福音。这种新科学的使用权,已经被那种认为有固定的和外在目的的古老传统所攫取。事实上,进化意味着变化的连续性,并意味着变化可以采取复杂性与相互作用的当前增长的形式这一事实。变化中的重大阶段不是在固定实现的路途之中,而是在那些危机之中发现的；在那些危机中，一种表面上似乎是固定的习惯让位于被释放出来但以前未曾起过作用的能力：有时，这就是调整与转变方向。

不管现在在克服困难与协调冲突上取得了怎样的成功，确定无疑的是，这些难题在未来都将以一种新的形式或在不同的程度上重现。的确，每一种真正的实现都不是结束一件事情，而是把它作为珠宝珍藏在一个盒子里以备未来沉思之用，从而使实际的情形变得更为复杂。它引起了能量的重新分配，而这些能量今后不得不以过去的经验没有给出明确指导的方式来加以运用。每一种原来需要的重大满足都会创造出一种新的需要；而这种新的需要，不得不进行实验性的探险以使它得到满足。从过去所经历过的事情方面来看，成就解决了一些问题；但从以后随之而来的事情另一方面来看，成就提出了新的难题，从而使未解决的因素变得更加复杂。认为"进化"即进步，意味着一定数量的成就，这些成就将永远作为完成了的事情而保留着；而且通过一种准确的数量而减少仍然有待于完成之事的数量，从而一劳永逸地消除了恰恰是如此之多的困惑，并促使我们在通往最终稳定而没有困惑的目标的路途中走得如此之远，在这种看法中多少有些可怜而幼稚的观念。然而，19世纪维多利亚时代中期的典型进化概念恰恰是这样一种完全幼稚主义的明确表达。

如果真正的理想是一种免除了冲突与干扰的稳定状况，就有许多理论的主张胜过这种流行的进化学说的主张。这种逻辑确切地指向了卢梭与托尔斯泰，他们会求助于某种原始的简单性，并且从复杂而令人忧虑的文明返回到一种自然状态之中。因为，文明的进步不仅仅意味着增加有待解决的难题的范围与复杂性，而且必然意味着不断地增加不稳定性。因为,在增加需要、工具和可能性的同时,文明的进步也增加了各种各样的力量;这些力量彼此之间互相关联,并且对它们进行理智性的引导。或者再有,斯多葛派的冷漠或佛教的平静都成了更伟大的主张。因为人们可以争论说,既然一切客观的成就都只不过使情形变得更为复杂,那么,最终稳定性的胜利只能通过消灭欲望才能确保。既然欲望的一切满足增加了力量,而这反过来又创造了新的欲望,那么退回到一种内在的无情感的状态之中,并对行动与成就表示不在乎,就成了获得永恒的、稳定的和最终的实在的唯一途径。

此外,从确定地接近一个终极目标的观点来看,天平会严重地倒向悲观主义一边。也许努力越多,成就也会越多;但是,可以肯定,需要越多,失望也就越多。我们做得越多和实现得越多,目的就越空虚与苦恼。从达到固定不动的善——这种善等同于被完成之事的确定总和,而为了达到最终的善这一终极目标,就要减少所要求的努力数量——的观点来看,进步是一种假象。我们是在错误的地方寻求着进步。世界大战以令人痛苦的方式说明了 19 世纪对道德成就的误解——然而,这种误解只不过是继承了关于固定目的的传统理论,并试图借助于"科学的"进化理论来支持这种学说。这种进步的学说还没有完全破产。有待达到并可靠占有的固定的善的观念之破产,也许可能是使人的心灵转向一种站得住脚的进步理论——关注当前的麻烦与可能性——的手段。

拥护善性的改良与增长在于接近一个彻底的且稳定的和不变的目的或善这一观念的人,已经被迫承认这一真理,即实际上,我们运用与现存的需要相关的特定词汇来想象善;而且,每一种

第二十三章　活动之善

特殊的善之实现不知不觉地陷入因一种新的目的和重新努力的需要而导致的新的失调状况之中。但是,他们曾经精心地构造出一种巧妙的辩证理论来解释这些事实,而同时又保持其理论不受影响。目标,即理想,是无限的;而人是有限的,受时间与空间所强加给他的条件的制约。因而,人所抱有的目的的特殊特征,以及他所获得的满足的特殊特征,恰恰是由他的经验的和有限的本性所造成的;而这一本性与真正的实在,即目的的无限而完整的特征,形成了鲜明的对比。所以,当人到达他所认为的旅行的目的地时,他发现,自己只不过是在这条路途上走了一段路而已,无限的路途仍然在前面延伸着。他在前面更远一点的地方设定了标记,而当他到达所设定的这一位置时,他又发现,这条路以一种意想不到的方式展现在他的面前,并且看到远方的新目标在召唤他前进。流行的学说就是这样的。

　　由于某种奇怪的歪曲,这种理论被认为是道德理想主义。一种激励与指导的作用被归于这种终极完整或完满的目标思想。事实上,真诚地持有这种观念所带来的是泄气与失望,而不是激励或希望。认为激励一个人不断进步,就是告诉他,无论他做什么事情或完成什么任务,其结果与他打算要完成的事情相比,都是微不足道的;并且,他所作的一切努力与他应当作的努力相比,必定是一种失败,所有获得的满足必定永远只是一种失望。这种观念不是有些荒谬,就是有些可悲。最诚实的结论就是悲观主义。一切都是苦恼,而且努力越多,苦恼就会越多。然而,事实是:这不是一个没有达到无限的结果的消极方面,因为它恢复了勇气与希望。积极的实现,即意义与力量实际上的丰富,开启了新的远景并规定了新的任务,创造了新的目的并激励着新的努力。这些事实没有因此而产生出缺乏考虑的乐观主义与安慰,因为它们使得依靠已经达到的善成了不可能之事。新的奋斗与失败是不可避免的。行动的全部场景仍然像以前一样,只不过对我们来说变得更复杂和更微妙而不稳定罢了。但是,这种情形是力量的扩展,而不是力量失败的后果;并且当这种情形被人们所理解和承认时,它就是对理智的一个挑战。对于下一步将做什么的指导,决不可能来自于一种无限的目标,对我们而言,一种无限的目标必定是空无。这种指导只能从对实际情形的缺陷、不规则和可能性的研究中派生出来。

然而,无论如何,以对善与恶的固定实现的思考为基础的悲观主义与乐观主义的争论,从性质上来看,主要是学术上的争论。人之所以继续存在下去,是因为他是一个活的生物,而不是因为理性使他相信未来满足与成就的确定性或可能性。他充满活力,这些活力使他继续前进。有不少个体在这里或那里倒下去了,而且大多数个体在这点或那点上消沉、退缩与逃避;但是,人作为人,仍然具有动物那样沉默的勇气。他具有耐力、希望、好奇、渴望与对行动的热爱。这些特征属于他,是因为构造而不是因为思考。对过去的记忆与对未来的预见,能把沉默无言转变为某种程度上的清晰表达。它们启发了好奇心并坚定了勇气。于是,当未来带着不可避免的失望与实现,带着新的麻烦的根源来临时,失败就失去了它的某种致命性,而苦难就产生了教诲性的结果而不是痛苦的结果。我们在胜利的时刻比在那些失败的时刻更需要谦卑,因为谦卑不是一种粗鄙的自我贬低。谦卑是一种即使当我们用最好的理智与努力去支配事件时,也会具有的渺小无能之感;是一种依赖于那些不顾我们的希望与计划而自行运转的力量

第二十三章 活动之善

之感。谦卑的主旨并不是要放松努力,而是要使我们珍视当前成长的每一个机会。在道德中,不定式与祈使句是从分词与现在时态发展而来的。完满意味着不断完满,实现意味着不断实现,而善就是莫失良机。

柏拉图、亚里士多德与斯宾诺莎的观念论哲学(idealistic philosophies)像现在所提出的这个假说一样,已经发现善就是一种有意识的生活,即一种理性的生活的意义,而不是外在的成就。就像这个假说一样,这些哲学已经高扬了理智在确保有意识生活实现中的地位。这些理论至少没有使有意识的生活隶属于外在的服从,也没有把美德看作是某种与高尚生活不同的东西。但是,这些哲学设定了一个远离当前经验并与这种经验相反的先验的意义与理性;或者它们坚持认为有一种特殊形式的意义与意识,而这种意义与意识只有通过普通人无法达到的独特认知模式才可以获得,并且涉及的不是对日常经验的连续性重构,而是对日常经验的全盘颠覆。它们已经把重生和心灵的改变看作是全部的和自我封闭的而不是连续的。

功利主义者们也把善与恶、正确与错误当作意识经验的问题。此外,他们还把这些问题带入尘世与日常经验之中。他们努力把彼岸世界的善加以人性化。但是,他们仍然保持这种观念,即认为善是属于未来的,因而它处于当前活动的意义之外。就此而言,善是偶发的和例外的、受偶然性制约和被动的,它是一种喜欢而不是一种快乐,它是偶然碰到之物而不是一种实现。对于他们而言,未来的目的并不像柏拉图的理念王国、亚里士多德的理性思想、基督教的天国或斯宾诺莎的普遍整体概念,距离当前的行动那样遥远。未来的目的仍然在原则和事实上与当前的活动相分离。下一步的做法就是把对善的寻求等同于我们的冲动与习惯的意义,并把特定的道德上的善或美德等同于对这种意义的领会;这种领会不是把我们带回到一种孤立的自我之中,而是带到由客体与社会联系构成的户外世界之中,并终止于当前意义的增加。

毫无疑问,有些人将认为我们从遥远而外在的目的中逃脱出来,只能陷入伊壁鸠鲁主义之中,这种伊壁鸠鲁主义教导我们使其他一切东西都服从于当前的满足。而在其他一些人看来,这一假说似乎更愿意劝导一种主观的、以自我为中心的强化了意识的生活,即一种从审美角度来看是业余艺术爱好的利己主义类型。因为,它的教训难道不是我们应当集中所有注意力来关注与其行动相伴随的意识以便完善和发展这种意识吗?教导我们使那些促进其他人福祉的行为的客观后果附属于我们丰富的私人意识生活,这难道不像所有主观性道德一样,是一种反社会的学说吗?

我们几乎很难否认,与伊壁鸠鲁主义所反对的教条相比较,在伊壁鸠鲁主义中有一种真理的要素。伊壁鸠鲁主义努力把注意力集中在处于实际控制中的事物,并努力在现在而不是在偶然且不确定的未来中寻找善。伊壁鸠鲁主义的困难之处,就是它对现在之善的解释。它不能把这种善与活动的全部范围联系起来。它所想到的是退缩的善,而不是积极参与的善。也就是说,反对伊壁鸠鲁主义,在于反对它关于什么构成了现在的善的概念,而不是反对它对当前满足的强调。对于承认个体自我的任何理论,我们也许可以作相同的评论。如果这类理论可能会引起反对的话,那么,所反对的就是被归于自我的特征或性质。当然,个体是经验的承载者或携带者。这是什么意思呢?一切都依赖于那种以个体为中心的经验。但应当考虑的,不是经验的居所,而是经验的内容,即在屋子里有什么东西。这个中心不是在抽象的意义上易被我们控制,而是我们要关注聚集在这一中心周围的东西。我们每一个人都不得不是个体性的自我。如果自我身份本身是一件坏事,那么,对此应当责备的不是自我,而是宇宙与天道。但事实上,被我们认为是错误的自私性与我们所尊重的非自私性之间的区别,就是在活动的性质中发现的;这些活动依据它们是可收缩的、唯一的、扩展性的或向外延展的,而源于自我和融入自我之中。意义是为某一自我而存在的,但这种自明的事实并没有固定任何特定的意义的性质。这种意义也许会贬低自我,或者会高扬自我并使自我变得高贵。因为经验与自我相关而贬低经验的价值是不恰当的,这就如同离开一个人属于哪种类型的人这一问题,而只是把人格作为人格来加以理想化一样荒谬。

其他的人也都是自我。如果一个人的当前经验在意义上由于它以自我为中心而遭到贬低,那么,他为什么要为其他人谋福利呢?为了利己而自私,自己和其他人实际上是一样的;我们自己和别人一样,是值得看重的。但是,承认善总是在当前活动意义的增长中被发现,可以防止我们认为福利就存在于一种施粥救济的幸福中,存在于我们能从外部给予其他人的快乐中。这表明,无论在哪里发现善,无论在某个其他人的自我中还是在一个人的自我中,它的性质都是相同的。活动的意义有赖于它建立和承认关联的多样性与亲密性的程度。只要有任何社会冲动存在,那种把自己封闭起来的活动便会导致内在的不满,并引起一场为补偿性的善所作的奋斗,不管快乐或外部的成功如何为这一活动过程欢呼。

说其他人的福利像我们自己的福利一样,都存在于那种赋予活动以意义的知觉的拓展与深化中,以及存在于教育的增长中,这提出了一个具有政治意义的命题。除了通过释放其他人的力量,并使他们从事于扩展生活意义的活动,从而使他们幸福之外,"使其他人幸福"就是在运用一种特殊美德为借口来伤害他们而纵容我们自己。我们评价任何现存的安排或改革计划的道德标准,就是它对冲动与习惯的影响。这种安排或改革计划释放还是压制了兴趣,使兴趣变得僵化还是变得灵活,是分散还是统一了兴趣?知觉变得更敏捷还是更迟钝了呢?记忆变得恰当且广阔还是狭隘且散漫无关了呢?想象被转向幻想与补偿性的梦想还是增加了生活的丰富性呢?思想是有创造性的还是被推向一边而成为迂腐的专门知识呢?从一种意义上来说,把社会福利确立为行动的目的,仅仅助长了一种令人不快的恩赐态度、一种粗暴的干涉,或者一种自认为仁慈的谄媚的表现。当它的目的是直接给其他人以幸福,也就是像我们把一个物质的东西递给另一个人那样,它就总是倾向于朝着这一方向发展。培养一些可以拓宽其他人的视域并使他们自由地支配自己力量的条件,以便他们能够以自己的方式找到幸福,这就是"社会"行动的方式。否则,一个自由人所祈祷的将是别人不要管他,尤其企图摆脱那些"改革者"和"仁慈的"人们。

第二十四章　道德是人的道德

MORALS ARE HUMAN

由于道德与行为相关联,所以它是从特定的经验事实中产生出来的。除了功利主义之外,几乎所有有影响力的道德理论都拒绝承认这一观念。对于整个基督教界来说,道德一直与超自然的戒令、奖励和惩罚相关联。那些已经摆脱这种迷信的人,满足于把此世与来世之间的区别转变为现实与理想、实然与应然之间的区别。现实世界并没有屈服于徒有虚名的魔鬼,而被看作是不能产生出道德价值的物质力量的一种表现。因此,道德思考必定是从天上被引入的。人性也许不会被正式地宣布因某种天生的原罪而受到污染,但它被说成是感性的、冲动的和受必然性的制约,然而,自然理智是不能超越于对个人利己性的计算之物。

但实际上,道德在所有学科中是最具有人文性的学科。它是最接近于人性的学科。它在根本上是经验性的,而不是神学性的、形而上学性的或者数学性的。既然道德直接涉及人性,所以,在生理学、医学、人类学和心理学中,一切关于人的心灵与身体的知识都是与道德探究相关的。人性是在一种环境中存在并起作用的。但是,它并不像硬币在盒子中那样"在"那一种环境"之中",而是像植物在阳光和土壤之中那样,它属于它们,与它们的能量相连续,依赖于它们的支持;并且,只有当它运用它们,以及当它从它们的天然冷漠出发逐渐重建起一个温和而文明的环境时,它才能够增长。因而,物理学、化学、历史、统计学和工程科学就它们能够使我们理解人类借以生存的以及借以形成与执行计划的那些条件与媒介而言,它们也是作为道德知识的学科的一部分。道德科学不是单独领域里的一门科学。它是置于人性背景中的物理知识、生物知识与历史知识,在这一背景中,启迪与指导人们的活动。

真理之路是狭窄而困难的。它极其容易离开正路,从这边偏离到那边。对于把道德与实际的事实和力量分裂开来而使道德成为狂热的、荒谬的、多愁善感的或权威性的这种错误,使理论家们走入另外一个极端。他们坚持认为,自然规律本身就是道德规律,以至于在认识到这一规律以后,人们剩下要做的就只是遵守它。这种与自然一致的学说,通常标志着一个过渡时期。当神话正在以公开的形式消逝时,以及当社会生活受到干扰以致风俗与传统无法提供它们惯常的控制时,人们就求助于作为一种规范的自然(Nature)。他们把以前与神圣规律相关的一切赞美性谓词用于描述自然,或者把自然规律看作是唯一真正的神圣规律。其中一种形式出现在斯多葛派哲学之中;它的另一种形式出现在18世纪的自然神论之中,这种自然神论认为,有一个仁慈且和谐的、完全理性的自然秩序。

在我们的时代里,这种观念在与一种自由竞争的社会哲学和进化论的关联中继续存在着。人们认为,如果人类理智不仅仅记录了作为人类行动规则的、固定的自然规律,那么,它就标志着一种人为的干预。自然进化的过程,被认为是人类努力的精确模型。这两种观念在斯宾塞的思想中汇聚到一起。对先前一代的"启蒙主义者"来说,斯宾塞的进化论哲学似乎为道德进步的必然性提供了一种科学上的支持,尽管它尽力证明了故意"干扰"自然的仁慈运转是徒劳无益的。正义的观念被等同于因果规律。在为存在奋斗的过程中,对自然规律的违反就会引起自己灭亡的惩罚,而对它的遵从则会带来幸福与生命力不断增加的奖励。通过这一过程,利己主义的欲望逐渐与必然性的环境相一致,到最后,个体就会在做自然环境与社会环境所要求的事情中自动地找到幸福,在为别人服务时也就是在为自己服务。从这种观点来看,早期的"科学"哲学家们犯了一个错误,但这不过是在预言完全的自然和谐的日子时所犯的错误。所有理性能够做的就是承认进化的力量,并因而避免去延误完美和谐的幸福日子的到来。与此同时,正义要求软弱无知者去承受违背自然规律所引起的结果,而聪明能干者则获得了对他们的优越的奖励。

这类观点的根本缺陷,就是它们无法通过对条件与能量的认知而看到条件与能量所造成的差别。心灵的第一要务是"现实主义的",即"按照事物现在的样子"来看待事物。例如,如果生物学能够使我们认识有能力与无能、强壮与软弱之别的原因,那么,这种知识就大有裨益。一种非情感用事的道德将寻求自然科学在生物的劣等以及优等的条件和后果方面能够给予一切指导。但是,承认事实并不必然导致服从与默许。事实恰恰相反。对事物现在的样子的认知,不过是使事物相互区别的过程中的一个阶段。在事物被认知时,它们就已经开始出现区别,因为通过这一事实,事物进入一种不同的背景中,即进入预见和判断好与坏的背景中。一种认为有一个单独的意识王国的错误心理学,是这一事实之所以没有被人们普遍接受的唯一原因。道德不是存在于对事实的认知中,而是存在于对这种认知的运用中。认为道德的唯一用处就是对事实及其结果进行祝福这一观点,是一种荒诞的假定。告诉人们何时运用事实来服从条件和后果并使它们得以继续存在下去,以及何时运用事实来改变条件和后果,这就是理智的责任。

假定认识到劣等与其后果相关联就是建议人们坚信这种关联,这一观点是十分荒唐的。这就如同假定认识到疟疾与蚊子相关联就命令人们去养育蚊子一样荒唐。当这一事实被人们认知后,就会成为新环境中的组成部分。尽管它仍然属于物质环境,它也会成为人类活动,诸如欲望与厌恶、习惯与本能的媒介物。所以,它就会获得新的潜能与新的能力。浸在水中的火药不会像在火焰旁边的火药那样起作用。一个被认知了的事实不会像尚未被感知的事实那样起作用。当事实被认知时,它就会与欲望之火和反感之冷水发生联系。关于引起无能条件的知识,也许适合于使其他人保持在那种无能状态之中,而他自己则免于这种无能状态的某种欲望。或者,这种知识也许符合这样一种性格,这种性格发现它自己被这类事实所阻碍,因而便努力运用关于原因的知识来改变结果。道德以运用自然规律的知识为起点,这种运用随着倾向与欲望构成的活跃体系的变化而变化。理智的行动不是只关心已知之物的纯粹后果,而是关心以这种认识为条件的行动将要产生的后果。人们也许会运用他们的知识来引起符合或夸大,或者导致条件的变化与废除。这些后果的性质决定了更好或更坏的问题。

这种对归因于自然和谐的夸大引起人们去注意它的不和谐之处。一种关于自然仁慈的乐观主义观点之后,紧紧跟随着一种更为诚实而不太浪漫的关于自然界的斗争与冲突的观点。在爱尔维修和边沁之后,出现了马尔萨斯(Malthus)与达尔文(Darwin)。道德的难题是欲望与理智的难题。我们应当如何处理这些不和谐与冲突的事实呢?在我们已经发现冲突在自然界中的地位与后果之后,还必须去发现冲突在人类的需要与思想中的地位与作用。冲突的职责、功能、可能性或用途是什么呢?一般来说,答案是简单的。冲突是思想的牛虻,它激励我们去观察与记忆,它鼓动我们去发明创造。它使我们从像绵羊一样的被动状态中惊醒过来,并使我们去从事观察与谋划。我们并非说冲突总是导致这种结果,而是说冲突为反思与独创性的必要条件。当运用冲突这种可能性一旦被人们注意以后,人们就有可能系统地运用它来以思想的仲裁代替残忍的攻击和无情的崩溃。然而,所谓的科学从18世纪唯理论那里继承而来的、把自然规律看作是一种行动规范的趋向,导致把冲突本身这一原则理想化。人们忽视了冲突通过唤醒理智来推动进步的职责,而把冲突作为进步的发生器。卡尔·马克思从黑格尔的辩证法中借用了否定因素,即相反对立在前进中是必然的这一观念。他把这个观念投射到社会事务之中,并得出结论:一切社会的发展都来自于阶级之间的冲突,因此,阶级斗争是要培养的。所以,一种所谓科学形式的社会进化论宣扬社会对抗是通往社会和谐的路径。当自然事件被赋予一种社会的和实践的神圣化色彩时,我们将很难找到一个更显著的所发生事件之实例。达尔文主义同样被人们用来证明战争,以及为了财富和权力而进行残酷竞争的合理性。

在那些没有和平时而高呼"和平!和平!"的人的行动中,在那些拒绝承认事实的实际样子的人的行动中,在那些宣称财富与价值、资本与劳动是自然和谐的以及大体上宣称现存状况是自然正义的人的行动中,尽管没有找到为这类学说所作的合理性证明,但却为其找到了借口和起因。一个拥有权力的阶级,运用一切手段,甚至垄断了道德理想来为阶级权力进行斗争;从这样的阶级所发出的对阶级差别与阶级斗争的谴责,会产生某种令人恐怖的东西,即某种使人们惧怕文明的东西。这一阶级在冲突之外又加入了虚伪,并使所有理想主义都变得声名狼藉。这个阶级做了声望与独创性所能做的一切事情,以此来渲染那些人的主张。他们认为,一切道德思考都是毫不相关的;并且认为,这一问题是这一方力量与另外一方力量之间残酷考验的问题。在这里像在别处一样,并不是要在为某种被称为道德理想的东西而否认事实与接受事实作为最终结果之间作出选择。承认事实并运用这些事实作为对理智的一种挑战,以此改变环境和习惯,这种可能性仍然存在着。

第二十五章 自由是什么

WHAT IS FREEDOM?

自然的事实与自然的规律在道德中的地位问题,把我们引向了自由的难题。我们被告知,严肃地把经验事实引入道德之中,就等于废除了自由。我们还被告知,事实与规律都意味着必然性。自由之途就是要我们从事实与规律中摆脱出来,并飞升到一个单独存在的理想王国之中。即使我们能够成功地实现这一飞升,这一方法的效力还是值得怀疑的。因为我们需要的是在实际事件之中和实际事件之间的自由,而不是在实际事件之外的自由。因此,我们可以希望仍然存在着另外一条通往自由的途径,即我们可以在那种关于事实的知识中找到这条通往自由的途径,而那种知识使我们能运用与欲望和目的相关联的事实。一位医生或工程师在他的思想与行动中的自由,依赖于他对他要处理的事情的认知程度。我们或许在这里发现了通往任何自由的钥匙。

人们以自由的名义所敬重并为之而战的东西是多样而复杂的——但无疑它决不是一种形而上的意志自由。它似乎包含有三种重要的因素,尽管从表面上看,这三种因素彼此不是直接相容的。(1)它包括行动的效能,实施计划的能力以及消除限制性和阻挠性障碍物的能力。(2)它包括改变计划、改变行动路线与体验新事物的能力。(3)它意指欲望与选择的力量成为事件中的因素。

很少有人愿意以单调乏味为代价去获得许多按照确定的路线就可以达到的有效行动,或者,如果行动的成功是以完全放弃个人的喜好而获得的,那么很少有人愿意这样做。他们可能会觉得,如果选择有一个过程的话,那么,一种更宝贵的自由就只有在缺乏保障且客观成就的生活中才会获得,这种生活包含着冒险的任务、在新领域中的探险、个人选择与偶然事件的互相斗争、成功与失败的混合。奴隶就是一个执行其他人愿望的人,他命定要根据预先规定的常规而行动。那些把自由定义为行动能力的人,无意之中已经假定了这种能力在运用时是与欲望一致的,并且假定了它的作用就是把行动者引入以前未曾探索过的领域之中。因而,自由的概念中包含着三种因素。

然而,执行的效率可能会被忽视。说一个人自由地选择去散步,而他所能走的唯一道路是将带他到悬崖边上的路,这就是在曲解事实和曲解语词。理智是行动自由的关键因素。我们是否有可能成功地前进,依赖于我们考虑到条件与制订出它们同意合作的计划的程度。我们不能轻视未预料到的环境所提供的免费帮助。无论是坏的还是好的运气,将总是与我们相伴随;但是,运气的方式是支持聪明人,讨厌愚蠢人。而且,幸运的来临是稍纵即逝的,除非通过理智地改变条件而使它变得简洁。在中性与不利的环境之下,研究与预见是使行动畅通无阻的唯一路径。坚持认为有一种形而上的意志自由,一般来说,就是那些最极端的蔑视无可争辩的事实知识的人。他们通过阻止与限制行动而为自己的轻蔑付出了代价。以特殊的积极能力为代价而高扬一般意义上的自由,往往已经成了历史自由主义官方信条的特征。它的外在标志就是政治学和法学与经济学的分离。事实上,19 世纪早期的许多所谓的"个人主义",与个体的本性并没有多大关系。对人的某种人为的限制一旦被消除,它就会返回到那种认为人与自然的和谐是理所当然的形而上学之中。因此,它忽视了研究与调节产业条件的必然性,以至于使一种名义上的自由变成了现实。如果找到一个相信所有人的需要都是免于压迫性的法律措施与政治措施束缚的人,你就会发现,如果他不是在仅仅固执地坚持自己的私人特权的话,那么,在他大脑之中就承载着某种形而上的自由意志学说的遗产,并且还有一种对自然和谐的乐观自信。他需要一种哲学,这种哲学认识到自由的客观特征,认识到自由对环境与人类需要相协调的依赖,并认识到这种一致性只有通过深刻的思想与不懈的运用才能够获得。因为,作为一种事实的自由,依赖于社会与科学所支持的工作条件。既然工业涉及人与其环境之间最广泛的关系,那么,没有使对环境的有效控制成为其基础的自由就是不真实的。

我不希望给解决自由与组织之间表面冲突的廉价且容易的现存方案再增加另一种方案。组织也许变成了自由的一种障碍,这是相当明显的;但还不至于让我们说,麻烦不在于组织而在于过度组织。同时,我们必须承认,如果没有组织,就没有有效的或客观的自由。批判国家契约理论是很容易的,这一理论主张个体至少放弃了一部分天然的自由,以确保他们所保持的市民自由。尽管如此,在放弃与交换这一思想中仍然包含着部分真理。人拥有一种确定的天然自由。也就是说,在某些方面,和谐存在于一个人的精力与他的环境之间,以至于环境支持和实现了他的目的。就此而言,他是自由的;如果没有这样一种基本的自然支持,那么,有意识的设计立法和管理以及深思熟虑的社会安排的人类制度就不能出现。从这一意义来说,天然的自由在政治自由之前,并且是政治自由的条件。但是,我们不能完全信任由此而产生的一种自由。它受偶然性的支配。在人们之间有意识地达成的一致,必须补充并在某种程度上取代作为自然恩赐的行动自由。为了达到这些一致,个体不得不作出让步。他们不得不同意缩减一些天然的自由,从而使所有的自由都得以稳固而持久。简言之,他们必须与其他人一起进入一个组织之中,以至于他们也许永久性地依靠其他人的活动来保证行动的规律性,以及计划和行动路线的广泛范围。就此而言,这一程序就像人们拿出一部分收入来买保险以应对未来的突发事件,并因而使未来的生活获得更稳定的保障一样。认为没有牺牲的看法是愚蠢的;然而,我们能够辩称这种牺牲是一种合理的牺牲,是被其结果证明为合理的牺牲。

据此来看,个体自由与组织的关系就被看作是一种实验性的事务,这种关系不能被抽象的理论所解决。考虑一下劳工联合会与被关闭或开放的商店。认为在这种特定形式组织的延展中不存在对先前自由与未来自由的可能性的限制与放弃,这一看法是愚蠢的。但是,谴责以必然导致对自由的限制为理论根基的这类组织,就是采取了一种对文明中每一前进步伐与每一纯粹获得的有效自由来说致命的立场。对所有这类问题的判断,都不是以先前的理论为基础的,而是以具体后果为基础的。与实际可行的办法相比,这个问题就是要在所达到的自由与可靠性之间取得平衡。一个组织中的成员资格不再是一个自愿的事情而变成被迫或必需的事情了,甚至就连对这一点的疑问也是一个实验性的问题,即是通过科学地研究后果以及有利和不利的条件来确定的事情。它无疑是一个特定细节的事务,而不是规模宏大的理论问题。看到一个人以纯粹理论为由公开指责劳工联合会对工人们的压迫,而他自己则利用因事务上的集体行动而增加的力量,并赞美政治国家(political state)的压迫,这是十分滑稽的;而且,看到另一个人公开抨击政治国家是纯粹的暴政,而赞美产业劳工组织的力量,也同样是十分滑稽的。这个人或另一个人的立场可以用特殊事例来证明其合理性，但这种合理性证明是由实际的结果而不是一般性的理论所致。

然而，组织总是容易变得僵化并限制自由。除了行动的安全性之外，新奇、冒险与变化也是人们所欲求的自由的组成成分。多样性不仅仅是生活的调味品；它在很大程度上是生活的本质，并使自由与奴役得以区别开来。不变的美德似乎就像不断的邪恶一样是机械的，因为真正的美德随着环境的变化而变化。如果性格无法达到克服某一新的困难或征服某一从未预料到的诱惑这一程度，那我们就会怀疑，它的特征（grain）只不过是一种虚饰罢了。选择是自由中的一种要素，而且，如果没有未实现的和不可靠的可能性，就不会有选择。在关于一种冷漠的自由、一种在任何习惯与冲动之外选择这种方式或那种方式的力量，以及就意志而言甚至没有炫耀的欲望的正统学说中，恰恰是这种对真正偶然性的需求受到嘲讽。选择的这种不确定性，不是热爱理性或刺激的人所欲求的。任意的自由选择理论表现出了条件的不确定性，这种不确定性是以一种模糊而懒散的方式被领会的，并固化为意志的一种值得欲求的属性。在自由的名义之下，人们赞美条件的这种不确定性，因为这些条件给思虑与选择提供了一个机会。但是，作为不仅仅是反映条件不确定性的意志之不确定性，是一个由于长期弱化他的行动源泉而获得了无能性格的人的标志。

不确定性是否在世界中实际存在，这是一个难以解决的问题。我们更容易把世界看作是固定的或永远稳定的，而认为人在他的意志中累积了所有的不确定性，并在理智中累积了所有的怀疑。自然科学的兴起已经使这种二元式的区分更为便利，并使自然成为完全固定的，而心灵成为完全敞开的与空洞的。幸运的是,对我们来说,我们不必非得解决这个问题。一个假设的答案就足够了。如果世界已经被制造出来并符合需要,如果它的特征完全被实现了,以至于它的行为就像一个迷失于常规的人所做出的行为一样,那么,人所能希望的唯一的自由就是在公开行动中效率的自由。但是,如果变化是真实的,如果解释仍然在形成的过程中,并且如果客观不确定性是反思的刺激物,那么,行动的变化、新奇以及实验就具有了真正的意义。无论如何,这个问题都是一个客观问题。它涉及的不是与世界相分离的人,而是与世界相关联的人。一个在时间和地点上都不确定的、并足以唤起思虑和运用选择去塑造未来的世界,就是一个意志自由的世界。这不是因为它先天的就摇摆不定和不稳固,而是因为,思虑与选择是决定性与稳定性的因素。

根据一种经验性的观点,不确定性、怀疑、犹豫、偶然性、新奇性以及不单单是作为纯粹伪装起来的重复的真正变化,这些都是事实。只有从某些固定前提出发的演绎推理,才会导致一种支持完全确定和终极性的偏见。说这些事物仅仅存在于人的经验而不是世界之中,并认为存在于那里只是因为我们的"有限性",这就如同用语词来称赞我们自己一样危险。从经验来说,人的生活在这些方面像在其他方面一样,似乎表明了自然界中事实的终点。承认在人的身上存在着无知和不确定性而否认它们在自然界中的存在,这就包含着一种奇怪的二元论。易变性、首创性、革新性、偏离常规以及实验,从经验上来说都是事物中一种真正的努力之显现。无论如何,恰恰就是这些事物在自由的名义之下对我们而言是宝贵的。由于从一个奴隶的生活中消除了这些事物,他的生活就成为奴役式的;并且,这种生活对于一旦已经独立的自由人来说是难以容忍的,不管他的动物性舒适与安全如何。一个自由人宁愿在一个开放的世界中冒险,也不愿意在一个封闭的世界中保证他的机会。

这些考察都指向了热爱自由的第三种因素:使欲望算作一种因素,即一种力量的欲望。即使意志的选择是无法解释的,即使意志是反复无常的冲动,也不能推导出:存在着在未来是开放的其他真实的选择和真正的可能性。我们所需要的是在这个世界之中而不是在意志之中开放的可能性,除非当意志或深思熟虑的活动反映了这个世界时。预见未来的其他客观的可供选择的办法,然后通过思虑而能够选择其中一种办法,并以此来增加它在为未来存在的奋斗中的机会,这就是衡量我们自由的标准。人们有时假定,如果能够表明思虑决定了选择,而思虑又被性格与条件所决定,那就没有自由。这就像说因为一朵花是从根与茎生长出来的,所以它就不可能结果实一样。问题不是思虑与选择的前提条件是什么,而是思虑与选择的后果是什么。思虑与选择所做之事有什么独特性吗?回答是,它们使我们完全控制了对我们来说是开放的未来可能性。而且,这种控制是我们自由的关键,如果没有这种控制,那我们就是被从后面推着前进的;如果拥有了这种控制,那我们就是在阳光中行进的。

这种认为是知识和理智而不是意志构成了自由的学说,并不新颖。许多学派的道德理论家们都曾经宣传过这种学说。所有的唯理论者们都把自由等同于通过对真理的洞察而得以解放的行动。但是,在他们看来,对必然性的洞察已经取代了对可能性的预见。例如,托尔斯泰曾说,只要牛拒不承认牛轭并在牛轭之下焦躁不安的话,它就是一个奴隶;但如果它把自己等同于牛轭的必然性并自愿地而不是反叛地去拉犁,它就是自由的。当他这样说时,就是在表达斯宾诺莎和黑格尔的观念。然而,只要这个轭是一个轭,就不可能出现自愿认同它的情况。所以,有意识的屈服,要么是宿命论式的顺从,要么是怯懦。牛实际上接受的不是轭而是麸和干草,而轭是麸和干草必然附带的东西。如果牛预见到运用轭所产生的后果,如果它预料到收获的可能性,并把自己等同于收获的可能性的实现而不是等同于轭,那它就可以自由地和自愿地去行动。它没有把必然性当作是不可避免的东西;它欢迎一种值得欲求的可能性。

  对必然规律的认知,的确起到了一定的作用。但是,哪怕再多对必然性的洞察本身,除了一种对必然性的意识之外,并不会带来什么别的东西。只有当我们运用一种"必然性"去改变另一种必然性时,自由才是"必然性的真理"。当我们运用规律去预测后果并思考如何可以避免或获得这些后果时,自由就出现了。运用关于规律的知识去强化执行中的欲望,会给精明干练的管理人增加力量。运用关于规律的知识去顺从欲望而不是促进行动,就是宿命论,无论人们怎样对它进行装饰。因此,我们又重新回到了主要的论点上。道德取决于事件,而不是取决于外在于自然的命令和理想。然而,理智把事件看作是运动着和充满着各种可能性的,而没有看作是终点与终结。在预测事件的可能性时,好与坏的区别就出现了。人的欲望与能力是根据这种或那种可能发生的事件被判断为比较好,而与这种或那种自然力量进行合作的。我们没有运用现在去控制未来,而运用对未来的预见来改良和扩展现在的活动。在对欲望、思虑与选择的这种运用中,自由才得以实现。

第二十六章 道德是社会的道德

理智是不是我们的理智,有赖于我们运用理智并接受对后果负责的程度。理智并非最初就是我们的理智,也并非通过制作而成为我们的理智的。"它思"比"我思",是一种更正确的心理学陈述。思想发芽并成长;观念也不断增加。思想和观念都来自于深层无意识的根源。"我思"是关于自愿行动的一种陈述。某一暗示从未知世界中涌现出来。我们的许多积极习惯都占用着它。这种暗示于是就成了一种论断。它不再仅仅为我们所知,还被我们接受并表达。我们根据它而行动,并按照它所隐含的意义去假定它的后果。信念和命题的材料不是我们发明的,而是通过教育、传统和环境的暗示,从别人那里为我们所知的。就理智的材料而言,我们的理智与我们作为其中组成部分的社会生活密切相关。我们知道社会生活所传递给我们的东西,并且是根据它在我们身上所形成的习惯来认知的。科学是一种关于文明的事情,而不是关于个体才智的事情。

良心也是如此。当一个儿童行动时,他周围的一些人就会作出反应,或者给他以大量的鼓励,以赞同的态度去看待他,或者皱眉头并予以指责。当我们行动时,其他人对我们所做之事就是我们行动的一种自然后果,就像当我们把手伸入火中时,火对我们所做的(即烧伤我们)一样。社会环境也许如你随意想象的那样,是人为的;但是,它对我们的行为所作出的反应行动,是自然的而非人为的。我们在语言与想象中排练着别人的反应,就像我们戏剧性地扮演其他后果一样。我们预测其他人将如何行动,而这种预知就是传递到行动那里的判断的开端。我们和他们一起知道:有良心存在着。一个议题在我们的心中就形成了,它讨论并评价所提出的和已经执行的行为。外部的共同体成了内部的论坛和法庭,成了一个控告、评定和辩护的法庭。我们关于自己行动的思想渗透着其他人对这些行动所持有的观念;这些观念不仅在明确的教导中表现出来,而且在对我们行为的反应中更有效地表现出来。

义务是责任的开始。其他人要求我们对自己的行为后果负责,他们把自己对这些后果的喜欢与反对施加在我们身上。我们宣称这些后果不是我们所造成的。宣称它们是无知而不是设计的产物,或者是在执行一个最值得称赞的计划中的插曲,这一切都是徒劳的。人们把这些后果的始作俑者归诸我们。我们受到人们的反对;而且,这种反对不是一种内在的心理状态,而是一种最明确的行为。其他人通过他们的行为向我们宣告:我们毫不介意你是不是有意而为之。我们的目的是要你再次做这件事情之前,应当仔细考虑一下;而且如果有可能的话,你的思虑应当防止重复我们所反对的这种行为。责备和一切不赞同的判断的意义是为了预期未来,而不是回顾过去。关于责任的理论也许会变得混乱不堪,但实际上没有人会愚蠢到试图改变过去的程度。赞成与反对是影响习惯与目标形成的方式,也就是影响未来行为的方式。个体被认为对他已经做过的事情负责,是为了对他将要做的事情负责。通过戏剧性的模仿,人们逐渐学会使自己负起责任;而义务就成了自愿而有意地承认,行为是我们自己做出的,并承认行为的后果源自于我们。

道德判断与道德责任都是社会环境在我们身上引起的结果,这两个事实意味着一切道德都是社会性的;这不是因为我们应当考虑我们的行为对其他人的福利所产生的影响,而是因为事实如此。其他人确实考虑了我们所做之事,而且他们根据我们的行为而作出相应的反应。他们的反应,实际上确实影响了我们所做之事的意义。为此被归于它的意义就是不可避免的,就像与自然环境的相互作用所产生的结果是不可避免的一样。事实上,随着文明的进步,自然环境使其自身变得越来越人化,因为自然能量与事件的意义已经与它们在人类活动中所起的作用关联起来。无论我们意识到这一事实与否,我们的行为都是以社会为条件的。

风俗对于习惯的影响,以及习惯对于思想的影响,都足以证明这种观点。当我们开始预测后果时,最显著的后果是那些来自于其他人的后果。其他人的对抗与协作,是我们的计划得以推进或失败过程中的主要事实。与我们的伙伴相关联,既为行动提供了机会,也为我们利用这些机会提供了工具。一个个体的所有行动一定都带有他所附属的共同体的印记,就像他所说的语言带有共同体的印记一样。理解这一印记的困难之处,是由许多群体中的全体成员所形成的印象之多样性而导致的。我再重复一遍,这种社会影响是一个事实问题,而不是应当是的问题,也不是值得欲求或不值得欲求的问题。它并没有保证行为之善的正当性,也没有为把邪恶的行动看作是个人主义的和把正确的行动看作是社会化的而提供任何借口。有意肆无忌惮地去寻求私利,是以社会机会、训练和帮助为条件的,就如同被一种善良的仁慈所促进的行动路线一样。区别在于对关联性与相互依赖性的认识的性质与程度,在于关联性与相互依赖性的运用。考察一下今天追逐私利共同采取的形式,即对金钱与经济力量的掌控。金钱是一种社会建制;财产是一种合法的风俗;经济机会取决于社会状态;所瞄准的目标与所寻求的奖励,因社会的赞美、名望、竞争与力量而成为它们所是的东西。如果赚钱从道德上来说是可憎的,那是由于这些社会事实被处置的方式所导致的,而不是由于一个赚钱的人从社会退缩到一个孤立的自我之中或对社会置之不理的缘故。他的"个体主义"不是在其最初本性之中,而是在社会影响下后天获得的习惯之中被发现的。它是在他的具体目标中被发现的,而这些目标是社会状况的反映。有充分根据从道德上来反对一种行为模式,依赖于所出现的那种社会关联,而不依赖于社会目标的缺乏。一个人也许试图为了自己的利益而以一种不公平的方式去运用社会关系,也许有意或无意地试图使这些关系满足自己的欲望。于是,他就被指责为是利己主义的。但是,无论他的行动路线,还是他所受到的反对,都是社会之中的事实。它们是社会现象。他把他的不合理利益作为一种社会资产来寻求。

　　明确地认识到这一事实,是提高道德教育并理智地理解道德的主要观念或"范畴"的先决条件。道德是个人与其社会环境相互作用的问题,就像行走是双腿和自然环境的相互作用一样。行走的特征取决于双腿的力量和能力;但也取决于一个人走在沼泽中还是平坦的街道上,取决于是否有一条防护性的、被专门留出来的人行道,或者是否他不得不走在危险的车流之中。如果道德的标准很低,那是因为个体与其社会环境之间相互作用所带来的教育是有缺陷的。当共同的赞美转向"成功"的人士——即那个因支配金钱与其他权力形式而使他引人注目并被嫉妒的人时,我们可以利用什么方法去鼓吹谦卑生活的简朴与满足呢?如果一个儿童伴随着乖张的脾气或阴谋而长大,那么,其他人对此难辞其咎,因为他们帮助他形成了这些习惯。一个抽象的、现成的良心存在于个体之中,必须偶尔诉诸这一良心并且沉溺于粗鲁的训斥和惩罚之中。上面这种观念与导致缺乏明确而有序的道德进步的原因是相关联的,因为它与没有注意到的社会力量是相关联的。

在道德应当具有社会性这一流行的观念中,存在着一种独特的矛盾。把道德上的"应当"引入这一观念之中,就包含着一种含蓄的论断,即道德取决于社会关系之外的东西。道德是社会的,应当或应该的问题是在社会事务中好与坏的问题。强调理论的重要性而反对去认识社会联系与关联在道德活动中的地位所达到的程度,就是对社会力量盲目起作用并对一种偶然性道德所达到的程度的公正衡量。例如,在这些章节中经常提出来的,大意是所有行为如果不是实际的道德判断的问题,就是潜在的道德判断的问题;而承认这一命题真理性的主要障碍,就是把道德判断等同于赞扬与责备的习惯。这种习惯的影响是如此之大,以至于可以有把握地说,每一位所谓的道德学家一旦离开理论篇章而面对他自己或其他人的某一现实行为时,就会依据这些行为受到谴责或赞同的程度,首先或"本能地"认为行为是道德的或非道德的。现在,这种判断当然不是一个能够被有益地摒除的判断。我们非常需要这种判断的影响。但是,把它等同于一切道德判断的趋向,在很大程度上导致了当前这种观念,即在道德行为与一个更大的非道德行为领域之间作出鲜明的区分,而这种非道德行为就是有利、精明、成功或礼貌。

此外,这种趋向还是在塑造实际道德中,有效的社会力量盲目而令人不满意地起作用的主要原因。强调责备与赞许的判断具有更多的热情,而不是更多的理性。这种判断更为情绪化而不是理智化。它是由风俗、个人的便利和怨恨,而不是由对原因与结果的洞察所指引。它倾向于把道德指南,即社会意见的教育性影响,归结为一种直接的个人问题,也就是说,归结为对个人喜欢与厌恶的调整。吹毛求疵在一个被责备的人身上引起了怨恨,而赞同则引起了自满,这并没有培养一种客观地审察行为的习惯。它使那些对其他人的判断十分敏感的人处于长期防御性的态度之中,而且当所需要的是一种非个人的、公正的观察习惯时,它导致了一种辩护性的、自责的和自我开脱的心理习惯。"道德的"人们如此沉迷于捍卫他们的行为而使这些行为免于真正的和想象的批评,以至于几乎没有时间去理解其行为真正的意义;而且,当自我责备成为一种习惯时,它必定会延伸到其他人之中。

现在,对于任何人来说,使他意识到,他那粗心大意、以自我为中心的行动会遭到其他人的愤恨和厌恶,这是有益的。任何人都不可能被完全相信不会对批评作出直接反应,而且几乎没有人不需要被偶尔表达出来的赞同所激励。但是,与那些无需赞美和责备相伴而起作用的社会判断的影响所带来的帮助相比,这些影响被无限地夸大了;这种社会判断能够使个体明白他自己正在做的事情,并使他掌握分析推动他去行动的模糊且通常是秘密的力量的方法。我们需要一种通过人性科学的方法与材料,对行为的判断进行渗透。如果没有这样的启蒙,那么,即使是试图对其他人进行道德指导和改良的最好意图,也最终会导致误解与分裂的悲剧,如同在父母与孩子的关系中经常看到的那样。

因此,人性科学更充分的发展,是一个最重要的问题。当前对心理学是一门关于意识的科学这种观念的反叛,很有可能在未来被证明是思想与行动中确定转向的开端。从历史上看,有充分的理由分离与夸大人类行动中的有意识阶段,但这种分离遗忘了"有意识的"是一些行为的形容词;而且,这种分离把作为结果的抽象,即"意识"——一种单独而完满的存在,树立为一个名词。这些理由不仅对哲学专业的学生来说十分有趣,而且对文化史的学生,甚至是政治学的学生来说也十分有趣。这些理由与在神秘的本质与隐秘的力量中搜寻实在,并使这些实在大白于天下这一企图相关联。这些理由是被称作现象主义这个一般性运动的一部分,是越来越重要的个体生活与隐秘的意志关切的一部分。但是,结果是把个体从与其伙伴以及自然的关联中脱离出来,并因而创造了一种人造的人性,即一种不能以分析的理智为基础而被理解和被有效地指引的人性。它把真正推动人性的力量排除在视野之外,更不用说进行科学的考察了。它把一些表面现象当作人类重要的原动力与行为的全部。

因此,自然科学及其技术的应用就得到了高度发展,而关于人的科学即道德科学却停滞不前。我们不可能估量当前世界形势中有多少困难是由引入事务的不对称与失衡所导致的。如果在17世纪时说,正在兴起的自然研究方法上的变化最终会证明它比那时的宗教战争更重要,这似乎是很荒唐的。然而,这些宗教战争标志了一个时代的终结,而自然科学的兴起则标志着一个新时代的开始。而且,一个受过训练的、有想象力的人也许会发现,作为当前主要的对外关系标志的民族主义战争与经济战争,最终并不比现在刚刚开始的人性科学的发展更为重要。

说社会关系的重大改善有待于科学社会心理学的发展,这听起来似乎有些学究气。因为这个术语(社会心理学)暗示着某种专门化而遥不可及的东西,而信念、欲望与判断这些习惯的形成,都是在人们彼此接触、交流与联系所设定的环境影响下时刻进行着的。在社会生活以及个人的性格中,这是一个根本性的事实。

恰恰就是对这一事实,传统的人性科学没有给予启迪——即这种传统科学模糊了和几乎否定了的事实。通过求助于超自然之物与准巫术,在通俗道德中发挥重要作用,实际上就是绝望地承认科学的无效性。因而,有效地控制人事关系形成趋势的全部事情,就都留给了偶然、风俗、直接的个人喜好、怨恨和野心去解决。现代工业与商业是以根据自然探究和分析的专门方法来控制自然能量为前提条件的,这已经成了一种老生常谈。我们没有可以与之相比的社会科学,因为我们几乎没有什么心理学科学的方法。然而,通过自然科学,尤其是化学、生物学、生理学、医药学与人类学的发展,我们现在具有了发展这样一种人的科学之基础。这种科学出现的迹象就存在于临床心理学、行为主义心理学与社会(狭义的)心理学的运动中。

目前,除了责备、赞扬、规劝与惩罚这些粗鲁的做法以外,不仅没有可靠的培养性格的手段,而且就连道德探究的一般性观念的意义都处于怀疑与争论之中。其原因在于,我们把这些观念与人类彼此之间相互作用的具体事实分离开来而对它们进行讨论——这是一种致命的抽象,就像有关燃素、重力与生命力的古老讨论排除了不断变化的事件彼此之间的具体关联是致命的一样。例如,我们把像权利这样一种基本概念看作是涉及行为中权威的本性。在此,没有必要详述许多相互争论的观点来证明关于这一问题的讨论仍然处于意见世界之中。我们满意于指出:这种观念是在道德上反经验学派的最后一招,并且指出这证明了忽视社会条件所导致的结果。

实际上,这种观念的拥护者们所作的论证如下:"让我们承认,关于正确与错误的具体观念,以及什么是义不容辞的特定观念,都是在经验中发展起来的。但是,我们不能承认权利的观念与义务本身的观念也是如此。道德权威究竟为什么而存在?为什么甚至连那些在行为中违背权利的人也会在良心中意识到权利的要求?我们的对手们认为,如此这般的过程是聪明的、有利的和好的。但是,为什么我们会为了聪明、利益或更好而去行动呢?如果我们是如此倾向于自己当下的意愿,那为什么不遵从它们呢?只有一种回答:我们有一种道德本性,即一种良心,或者随便称呼它什么都可以。而且,这种本性直接回响在对作为最高权威的权利胜过爱好与习惯的所有要求之认可中。我们也许不会根据这种承认而行动,但仍然知道道德规律的权威性而不是道德规律的力量是无可争辩的。根据自己的经验,人们也许对权利是什么以及它的内容是什么有着模糊的不同看法。但是,他们所有人都自发地一致承认任何被看作是权利的要求所具有的最高权威性。否则,就不会有诸如道德这样的东西,而只不过是对如何满足欲望的计算。"

如果我们承认上述论证,那一切抽象的道德主义的装置就会随之而来。一个遥不可及的完满目标、完全与现实相反的理想,以及一种任意选择的自由意志,就会出现;所有这些观念,都会把它们自身与一个非经验性的权利权威以及一个承认权利的非经验性的良心概念紧密地结合起来。这些概念就成了权利礼节性的或正式的后果。

的确,为什么要承认权利的权威性呢?这个论证所假定的是:许多人在事实上,即在行动中,都不承认权利,并且假定有时所有人都无视它。那么,所谓认识到有一种在事实中连续被否认的最高权威到底有什么意义呢?如果放弃这种认识,由我们直接去面对实际的事实,那又会有什么损失呢?如果一个人孤零零地生活在世界上,那么,"为什么要有道德"这个问题也许有某种意义;假如不是这种意义的话,这一问题就不会出现。事实上,我们生活在世界中,其他人也生活在世界中。我们的行为影响着他们;他们感知到这些影响,并因而对我们作出反应。因为他们是活生生的存在物,所以请求从我们这里获得一些东西。他们赞同和谴责——但不是在抽象的理论中,而是在对我们的反应中进行。对于"为什么你不把手放入火中"这一问题的回答,就是以事实来回答的:如果你把手放入火中,你的手将会被烧伤。对为什么承认权利这一问题的回答,同样如此。因为权利只不过是在行动中其他人使我们知晓的,以及我们如果活着就会被迫去思考的许多具体需求的抽象名称罢了。权利的权威性是他们需求的紧急性,并且是他们所强调的效能。人们也许有充分的根据认为,在理论上,权利的观念附属于善的观念,而且是对专门适于达到善的路径的陈述。但事实上,权利的观念意指施加于我们身上以促使我们按照一定方式去思考和欲望的社会压力的总和。因此,只有当构成这种不间断的压力中的要素被理解时,只有当社会关系本身变得合乎理性时,权利才能在实际上成为通往善的路径。

所有压力都是一种带有力量而不是权利的非道德性事务;而且,权利必定是理想性的。我们将对此进行反驳。因此,我们倾向于再次进入理想没有力量而社会现实没有理想性质这一循环之中。但是,我们拒绝接受这种诱惑,因为社会压力被卷入我们自己的生活之中,就像我们所呼吸的空气和脚踩的土地一样。如果除了社会关联之外,我们还有欲望、判断、计划,简言之,有一个心理,那么,社会关联就会是外在的,而且社会关联的行动会被看作是一种非道德性力量的行动。但是，从精神和肉体上来说，我们只不过是在环境之中，并且只不过是因为环境才得以存活的。社会压力只不过是我们参与其中——参与则生，不参与则死——一直在发展变化的相互作用之名称而已。这种压力不是理想性的而是经验性的，而且此处的经验性恰恰意味着现实性。它唤起我们对这一事实的注意，即对权利的思考不是源于生活之外而是在生活之中的要求。恰恰在我们理智地认识到这些思考并根据它们去行动时，它们才成为"理想性的"，这就好像颜色和画布只有在用来增加生活的意义时，才成为理想性的一样。

　　因此，没有认识到权利的权威性，就意味着不能有效地理解人类联系的各种现实，而不是意味着对自由意志的任意运用。理解中的这种缺陷与歪曲，表明了教育的欠缺——也就是说，在现实条件的作用中，在现存的相互作用与相互依赖的欲望与思想的结果中，存在着欠缺。每个人都意识到权利的最高权威，却在行动中误解或无视它，这是错误的。当社会关系在人们的欲望与观察中得到强化时，他们就会对关于社会关系的要求有所觉察。相信有一个单独存在的、理想化的、先验的或无实际效用的权利这种信念，是现存制度不足以实施它们的教育职责——它们的教育职责就是引起对社会连续性的观察——的一种反映。这是试图使这种缺陷"合理化"的一种努力。像所有的合理化行为一样，它的作用是分散人们对事情真实状态的注意。因此，它有助于保存引起它的条件，并阻止使我们的制度变得更加人性化和平等化的努力。理论上承认权利，即道德规律的最高权威性，就被曲解为一种有效代替行为的东西；而这些行为将改善目前的风俗，正是这些风俗引起对实际社会联系的模糊、单调、不完善和模棱两可的观察。我们没有陷入一种循环之中；我们经历了一种螺旋式的上升，在这种螺旋式上升中的社会风俗引起了对相互依赖的某种意识，而这种意识又体现在改善环境时所产生的对社会联系的新感知这些行为之中，如此以至于无穷。关系和相互作用作为事实永远存在于那里，但是，它们只是在其所唤醒的欲望、判断和目的中才获得了意义。

我们重新回到基本命题上来。道德与存在的各种现实相关联，而不是与脱离各种具体现实的理想、目的和责任相关联。道德所依赖的事实，是那些从人类彼此之间的积极联系中产生出来的事实；它是人类在欲望、信念、判断、满足和不满足的生活中相互交织的活动所导致的后果。从这一意义来说，行为与道德都是社会性的，它们不只是应当具有社会性的而没有达到这一标准的东西。但是，在社会性事物的性质中，有着大量好与坏的区别。理想化的道德是从认识这些区别开始的。人类的相互作用与联系就存在在那里，而且在任何情况下都是有效的。但是，只有当我们知道怎样观察人类的相互作用与联系时才能调节它们，并以一种有序的方式为了善的目的而运用它们。当心灵没有科学的帮助而只依赖自己去行动时，人类的相互作用与联系就不能被正确地观察到，并且不能被人们理解和运用。因为自然而无助的心灵恰恰意味着信念、思想和欲望的习惯，这些习惯由社会制度或社会风俗偶然产生出来，并被社会制度或社会风俗所肯定。然而，尽管有偶然性和合理性的混合，我们最后仍然达到了这一点，即社会条件创造了一种能够进行科学展望与探究的心灵。培育和发展这种精神是现代社会之责任，因为这是它的当务之急。

然而，最终的结论既不赞同责任，也不赞同未来。人与其伙伴以及自然无穷尽的关联已经存在着了。正如我们已经看到的那样,理想意味着对周围的连续性及其无限的延伸之觉察。这种意义现在甚至被附加到当下的活动之中,因为这些活动被置于一个整体之中,这个整体属于它们,它们也属于这个整体。即使在冲突、斗争与失败中,人们也可能意识到这个持久而无所不包的整体。

这种意识像所有形式的意识、目标与象征一样,需要人们去理解与掌握。在过去,尤其是从人们把某种象征作为崇拜物的时代开始,曾经寻求许多不再有用的象征。然而,在这些常常自称为实在并迫使自己成为教条与褊狭的象征中,几乎一直不缺乏有生命力而持久的实在存在着的一些踪迹,也不缺乏在其中实现了存在连续性的生命共同体的一些踪迹。对这个整体的意识,一直与公共的敬畏、情感和忠诚相关联。但是,表达这种公共感觉的特殊方式已经被确立起来。这些方式被限制在一个精选出来的社会群体之中;它们已经被固化为必须做的仪式,并且被强制为拯救的条件。宗教在仪式、教条和神话之中迷失了自身。因此,宗教作为对共同体以及人们在其中地位的感知这种功能也已经丧失了。实际上,人们已经把宗教歪曲为对人性中有限部分的占有——或压制,并把它歪曲为对一部分有限的博爱的占有;这种博爱除了通过把它自己的教条与仪式强加给其他人以外,没有其他方法使宗教普遍化;人们把它歪曲为群体中有限阶级的占有物,即牧师、圣徒与教会的占有物。因此,在一个上帝诞生之前,其他诸神就已经被确立起来了。宗教作为对整体的一种感知,在所有事物中是最具个体性的、最自发的、最无法界定的和最多样化的事物。因为个体性意指整体之中独一无二的关联。然而,宗教已经被曲解为某种齐一的和不变的事物。宗教已经公式化为固定而确定的信念,而这些信念在必不可少的行为与仪式中被表达出来。宗教已经僵化为一种被奴役的思想和情操、一种少数人不宽容的优越感,以及一种多数人无法容忍的重负,而不是标志着作为一个无限整体的成员的个体自由与安宁。

但是,每一行为自身都带有一种对这个整体的安慰性与支持性的意识;而且,这一行为既然属于这个整体,在某种意义上说,这个整体也属于这一行为。对特殊行为的理智决定负责,也许可以使我们从对整体负责这一负担中愉快地解脱出来,而这个整体维系着这些行为,并赋予它们以最终的结果与性质。有一种自负,它是通过曲解那种把宇宙同化为我们个人欲望的宗教而培养起来的;但也有一种自负,它挑起了宗教把我们从中解放出来的宇宙之重担。在各个单独的、自我摇摆不定且不合逻辑的行为中,有一种对认同并尊重这些行为的整体的感知。当这种感知出现时,我们就消除了生命的有限性而活在普遍之中。我们生活于其中并获得存在的共同体的生命,就是这种关系的恰当象征。我们表达把我们与其他人联系起来的这些关联的感知之行为,是它唯一的仪式与礼仪。

1930年现代图书馆版前言

在 18 世纪英语文献的用法中,"道德"一词的含义十分宽泛。道德包括了所有明显具有人文意义的学科,就它们十分紧密地与人类生活以及与人类利益相关联而言,道德包括了所有的社会科学。从某种观点来看,本书的目的就是促进以这种方式来思考的道德。本书所采取的特定观点就是人性的结构和作用的特定观点,即心理学的特定观点。当然,我们也是在比较宽泛的意义上来使用"心理学"一词的。

如果不是出于某种考虑,那么,也可以把这本书说成是继承了大卫·休谟(David Hume)传统的文集。然而,不幸的是,在通常对休谟的解释中,他只是被看作一位把哲学上的怀疑论发展到极致的作家。在休谟的思想中,有充分的理由以这种方式来看待他的著作。然而,这种看法是片面的。如果不意识到他也有一个建构性的目标,就没有任何人能够读懂他在其最重要的两卷本哲学著作的前言中所写下的导论性评论。与休谟写他的著作相伴随而在当时发生的那些争论,很大程度上导致了对他结论中怀疑主义意义的过度强调。休谟是如此地渴望去反对在他的时代有影响且流行的一些观点,以至于他最初的积极性目标随着他的前进而日渐变得模糊并被遮蔽。在其他的一些观点本身变得模糊而不重要的时期里,休谟的思想也许会发生一种比较幸运的转向。

休谟的建构性观念就是:关于人性的知识提供了一幅包含全部人文与社会科学的地图或图表,而且凭借着有这个图表,我们能够理智地找到处理关于经济学、政治学以及宗教信念等一切复杂现象的办法。的确,休谟在这方面走得很远,并且认为人性为自然世界的科学提供了钥匙,因为所说与所做的一切都是人类心理活动的产物。休谟很可能热心于这种新的观念,并把它推到如此之远的地步。但是,在我看来,他的教导中有一个不可推翻的真理性要素,即人性至少是一种对甚至连自然科学都采取的形式产生影响的因素。尽管从休谟所假定的观点来看,它也许不会为自然科学的内容提供线索。

但是,在社会科学中,休谟的观点有着稳固的基础。在此,我们至少面对着这些事实,在这些事实中,人性是真正的核心,而且人性的知识必然能使我们摆脱混乱的局面。如果休谟在运用他的方法时犯了错误,那是因为,他没有注意到社会制度与条件对人性表现其自身的方式所作出的反应。他看到了我们共同的本性结构与运转在塑造社会生活时所起到的作用;但是,他没有同样清楚地看到,社会生活对可塑的人性因社会环境而采取的样式所起到的反射性影响。他强调习惯与风俗,但他没有看到风俗在根本上是与生活相关的事实,而社会生活是形成个体习惯的主导性力量。

指出这种相对而言的失败,是要说明他在人类学以及相关的科学兴起之前就进行思考和写作了。在他的时代,人们几乎不知道人类学家们称之为文化的东西在塑造受其影响的所有人性的具体表现时普遍而有力的影响。坚持认为在多样化的社会条件与制度中有一个共同的人性结构在统一起作用,是一个伟大的成就。自从休谟的时代以后,随着知识的增长而能够给我们增加的东西就是:这种多样性导致在最终同一的人性因素作用下产生出了不同的态度与倾向。

我们不容易使这种情景中的两方面因素保持一种平衡,而总是容易形成两种派别,一派强调最初的和与生俱来的人性,而另一派则强调社会环境的影响。即使在人类学中,也有人把社会现象带回到传播过程之中,他们一旦在世界的不同地区发现共同的信念与制度,就会假定在相互借鉴发生之前有更早的接触与交流。于是,就有人喜欢去论述人性在所有时间与地点都是同一的,而且更喜欢把对文化现象的解释带回到这种先天统一的人性之中。当这本书最初形成之时,尤其是在心理学家中,就有一种坚持认为与生俱来的人性是社会影响无法改变的,并参照被称作"本能"的最初本性之特征来解释社会现象的倾向。自从那时候(1922年)以来,这种倾向毫无疑问已经从一个极端摆动到相反的方向上去了。文化作为一种构成性媒介所具有的重要性,越来越受到普遍的认同。也许,今天在许多方面存在着的倾向就是:忽略了人性在其不同的表象中所具有的基本同一性。

无论如何,确保并维持一方面是内在的人性而另一方面是社会风俗与制度之间的平衡,仍然是十分困难的。毫无疑问,在这本书中有许多不足之处,但这些不足之处可以看作是由于要努力保持两种力量的平衡而导致的。我希望适当地强调一下文化习性的力量以及使人性所采取的形式多样化这一趋势。但是,我也试图表明,总是有共同人性所具有的各种内在力量在起作用;这些力量有时被周围的社会媒介所窒息,但它们在漫长的历史过程中总是努力去解放它们自己并改造社会制度,以至于社会制度也许形成了一种对于这些力量的运转来说是更自由、更明晰和更适合的环境。从宽泛的意义上来说,"道德"是这两种力量相互作用的一种功能。

约翰·杜威
纽约
1929年12月

修订版译后记

复旦大学杜威研究中心和华东师范大学出版社联合推出"杜威著作精选"系列,这对传播杜威的思想和观点是十分重要而有意义的事情。39卷本的《杜威全集》体量庞大,即使是研究杜威思想的博士生和专家们也未必能够通读所有这些著作,一般读者想从中挑选自己感兴趣的篇章就更加不易。所以,非常有必要把那些能够代表杜威实用主义思想的著作选出来单独出版,以飨读者。

重新审校《人性与行为》书稿,一方面深深感受到杜威在其所处的时代对人性、道德和行为的传统理解方式的激烈批判。他反对把人性视为永恒不变的绝对主义观点,反对把习惯、冲动和理智割裂开来的理论图式,反对离开自然环境和社会环境去寻求道德和善的理解视角,反对把人性与道德相互分离的做法。在杜威看来,即使承认人性的构造中有诸如本能等不变的因素,但我们依然不能据此假定那些满足本能需要的方式和习惯也是永恒不变的。用杜威在《人的本性是变的吗?》中所表达的观点来说,"问题将不再是人性是否可以改变,而是在既定的条件下如何改变"①。杜威在《人性与行为》的导论中明确说道:"一种以研究人性而非忽视人性为基础的道德会发现,关于人的事实与自然界中其余事实是相连续的,因此它会把伦理学与物理学和生物学统一起来。它会发现,个人的本性与活动和其他人的本性与活动是紧密相关的,因此把伦理学与对历史、社会学、法律和经济学的研究联系起来。"(p.10)所以,对于杜威来说,我们既不应当以道德与人性的分离为基础构造一种精巧的道德形而上学,也不应当"浪

---

① 《杜威全集·晚期著作》第13卷,上海:华东师范大学出版社,2015年,第250页。

漫地赞美自然冲动,并把它当作某种优于所有道德要求之物",而是应当依托人性以及行为,在一种动态的状态中构建真正符合人的道德和适合人的善。

另一方面,我也越来越意识到杜威在本书中以及其他不同主题中一以贯之的"实用主义原则和方法"。从哲学史的发展脉络来说,杜威既不赞同以笛卡尔为代表的唯理论传统,也不满意罗吉尔·培根和弗兰西斯·培根所倡导的经验论观点。杜威认为,近代这两个哲学流派依然在精神与物质、主观与客观、理论与实践、心灵与身体、理智与感觉等二元对立的观点之间游走,没有真正消除这些对立,而他所提倡的"经验的自然主义"、"自然主义的经验论"或"自然主义的人文主义"则通过把人与经验和自然有机联系起来,真正消除了上述那些二元对立的存在。因为,"经验乃是达到自然、揭示自然秘密的一种且是唯一的一种方法,并且经验所揭露的自然(在自然科学中利用经验的方法)又得以深化、丰富化并指导经验进一步地发展……"。[1] 在此,值得注意的是,杜威所说的经验既不是理智经验,也不是感觉经验,而是作为主体的人与自然接触时所发生的"原初经验"。在他看来,"哲学,和一切反省分析的形式一样,暂时使我们离开在原初经验中为我们所具有的事物;在原初经验中,这些事物是直接地发生作用和被作用的、被利用着和被享受着的"。[2]

杜威在当时所推动的这种哲学运动通常被称为"实用主义、

---

[1] 《杜威全集·晚期著作》第 1 卷,上海:华东师范大学出版社,2015 年,第 9—10 页。
[2] 同上,第 22 页。

实验主义或工具主义"。这种运动完全反对那种认为"追求更高的实在决定哲学应研究的工作"的哲学传统,"它肯定哲学的目标和任务跟古代哲学传统的所谓追求智慧的任务是完全相同的;所谓追求智慧,即是追求那些能指导我们集体活动的目标和价值。它认为进行这种追求的手段不是掌握永恒的和普遍的实在,而是应用科学方法和最好的科学知识之结论……把那应用在物理和生物现象上的科学的验证知识的方法,推广应用到社会的和人生的事务上去"。① 显然,杜威在这里倡导的是一种哲学上的"行动主义"或"效果主义",而非"功利主义"。但后世的学者们却明显把"实用主义"等同于"功利主义",使杜威在哲学史中的地位受到严重忽视。诚如哈贝马斯在《确定性的寻求》德译本的书评中所说:"在美国的一些大(哲学)系,相当时期内他(指杜威)是一条'死狗'。1979 年,理查德·罗蒂把杜威与维特根斯坦和海德格尔相提并论,称其为'本世纪三位最重要哲学家'之一;只是到了这个时候,上述局面才得以改变。与美国不同,在德国,杜威就连在过去当中也显然没有一席之地——除了在教育学领域,以及盖仑的人类学中。"②

很明显,杜威及其思想在中国的影响与在德国十分不同。由于杜威曾经在 1919 年到访过中国,在中国待了两年多,亲自宣讲其所倡导的实用主义思潮,又对中国的许多问题发表看法和给予论述,再加上一批中国学者在 20 世纪赴美留学和回国宣传,因而杜威的实用主义思想在中国的传播经历过高潮时期。但随着对

---

① 《人的问题》,傅统先、邱椿译,上海:上海人民出版社,2006 年,第 7 页。
② 《确定性的寻求》,傅统先译,上海:上海人民出版社,2004 年,第 4 页。

分析哲学,尤其是分析的实用主义思想的重视,包括杜威在内的古典实用主义思潮也经历了低谷时期,甚至遭到误解。

2019年7月初在哈尔滨召开的实用主义哲学研讨会上,中文版《杜威全集》主编、著名的实用主义研究专家刘放桐先生提出由于学界经常误解"实用主义"一词的含义,因而应当给"实用主义"更名,建议改为"实践主义"。这是一个非常好的提议,因为杜威的实用主义思想恰恰与马克思的实践思想不谋而合,诚如马克思所言,"哲学家们只是解释世界,而问题在于改变世界",杜威思想的目标正是通过经验和行动改变人、社会和自然界。然而,更名能否真正达到最初的目的? 这也是一个需要深入思考的问题。在笔者看来,21世纪之初刘放桐先生主持的《杜威全集》翻译工作恰恰是在为"实用主义"正名,试图通过翻译和研究杜威的著作,真正把握杜威的实用主义思想之真义。我们有理由相信,随着杜威思想研究的不断深入和拓展,"实用主义"一词在中国会慢慢变成一个"褒义词"。正如哈贝马斯所说,"'实用主义'这个词在德国也已经从一个贬义词变成了一个褒义词"。①

最后,十分感谢华东师范大学出版社朱华华老师对我拖延交稿的"包容",由于2018年书稿邮寄中的"迷失",再加上自己的"怠惰",导致本应当在2018年年底完成的任务,2019年的暑期才得以迟滞完成。

罗跃军

2019年8月1日于黑龙江大学

---

① 《确定性的寻求》,傅统先译,上海:上海人民出版社,2004年,第1—2页。

图书在版编目(CIP)数据

人性与行为：社会心理学导论/(美)约翰·杜威著；罗跃军译. —上海：华东师范大学出版社，2019
ISBN 978-7-5675-9735-8

Ⅰ.①人… Ⅱ.①约…②罗… Ⅲ.①人性论
Ⅳ.①B82-061

中国版本图书馆 CIP 数据核字(2019)第 261348 号

杜威著作精选

人性与行为——社会心理学导论

著　　者　(美)约翰·杜威
译　　者　罗跃军
责任编辑　朱华华
责任校对　王丽平
装帧设计　卢晓红

出版发行　华东师范大学出版社
社　　址　上海市中山北路 3663 号　邮编 200062
网　　址　www.ecnupress.com.cn
电　　话　021-60821666　行政传真 021-62572105
客服电话　021-62865537　门市(邮购)电话 021-62869887
地　　址　上海市中山北路 3663 号华东师范大学校内先锋路口
网　　店　http://hdsdcbs.tmall.com

印 刷 者　上海四维数字图文有限公司
开　　本　890×1240　32 开
印　　张　9.75
字　　数　186 千字
版　　次　2020 年 1 月第 1 版
印　　次　2020 年 10 月第 2 次
书　　号　ISBN 978-7-5675-9735-8
定　　价　48.00 元

出版人　王　焰

(如发现本版图书有印订质量问题，请寄回本社客服中心调换或电话 021-62865537 联系)